水体污染控制与治理科技重大专项“十三五”成果系列丛书

重点行业水污染全过程控制技术系统与应用

大伙房流域生态安全评估及生态保护策略

刘岚昕　编著

中国环境出版集团 · 北京

图书在版编目（CIP）数据

大伙房流域生态安全评估及生态保护策略/刘岚昕编著.
—北京：中国环境出版集团，2021.4
ISBN 978-7-5111-4667-0

Ⅰ．①大…　Ⅱ．①刘…　Ⅲ．①流域—生态安全—评价—研究—辽宁②流域—生态环境保护—研究—辽宁
Ⅳ．①X321.231

中国版本图书馆 CIP 数据核字（2021）第 040522 号

出 版 人　武德凯
责任编辑　张　倩
责任校对　任　丽
封面设计　岳　帅

出版发行　中国环境出版集团
（100062　北京市东城区广渠门内大街 16 号）
网　　址：http://www.cesp.com.cn
电子邮箱：bjgl@cesp.com.cn
联系电话：010-67112765（编辑管理部）
发行热线：010-67125803，010-67113405（传真）

印　　刷　北京中科印刷有限公司
经　　销　各地新华书店
版　　次　2021 年 4 月第 1 版
印　　次　2021 年 4 月第 1 次印刷
开　　本　787×1092　1/16
印　　张　12
字　　数　200 千字
定　　价　42.00 元

《大伙房流域生态安全评估及生态保护策略》
编委会名单

主　　编：刘岚昕

编 著 者（按姓氏拼音排序）：

程希雷　郝　艺　何　军　雷　坤　冷雪飞

马　建　孙明东　王　赫　王京城　王留锁

王　彤　王　秀　王　艳　王子锐　朱　悦

前言

大伙房饮用水水源保护区包括大伙房水库、桓仁水库、苏子河及浑江输水河道。辽宁省于 2009 年对大伙房饮用水水源保护区进行划定，2014 年发布《辽宁省大伙房饮用水水源保护条例》，2019 年对保护区进行调整。

大伙房水库位于辽宁省抚顺市浑河上游，属于大Ⅰ型水库，总库容 22.68 亿 m^3，是一座拥有供水、防洪、灌溉、发电等功能的大型水利枢纽工程。大伙房水库主要有三条入库河流，分别为浑河、苏子河和社河，流域涵盖抚顺市三县一区［抚顺县、清原满族自治县（清原县）、新宾满族自治县（新宾县）和东洲区］。目前大伙房水库承担辽宁省沈阳、大连、鞍山、抚顺、营口、辽阳、盘锦七个城市的生产生活供水任务，年供水量约 12.26 亿 t，战略地位十分重要。

国家科技重大专项——水体污染控制与治理科技重大专项（以下简称“水专项”）从“十一五”开始就将大伙房水库流域作为重要的示范区域，针对其水源涵养林破坏严重及水源涵养能力下降、水量调控功能锐减、点面源污染加剧等问题，研发源头区植被结构调控、高效林空间配置、低效人工林近自然化诱导、退化林抚育更新改造以及污染负荷综合消减、生态保护修复等关键技术，并在典型支流建设综合示范工程。2011 年财政部、环境保护部联合下发文件，在全国范围内开展良好湖泊生态环境保护试点工作，大伙房水源保护区成功纳入首批 8 个试点之一。辽宁省环境科学研究院支撑了《大伙房水源保护区生态环境保护试点总体实施方案》编制工作，该方案对保护区主要生态安全问题进行分析，规划保护区生态建设具体指标，并从工程及管理措施等方面对保护区进行全方位设计。2016 年，大伙房水库开展流域内生态安全评估工作，经过 5 年的调控治理，大伙房水库的生态安全水平明显提升。

本书对大伙房水库流域内的自然社会经济、水量水质生态、污染排放状况、生态服务功能、环境保护投入等方面进行详细的调查分析，从社会经济影响、水生态健康、生态服务功能、调控管理措施四个方面建立“大伙房水库生态安全评估指标体系”，全面评估大伙房水库流域的生态安全水平，并从社会经济调控、水土资源调控、水污染控制、生态系统调控、政策制度保障等方面提出有针对性的生态安全保护策略。本书对生态环境部门、水资源管理部门、关注水源保护区生态管理目标的研究者等具有较好的参考价值和借鉴意义。

本书得到水体污染控制与治理科技重大专项“辽河流域水环境管理与水污染治理技术推广应用”项目“辽河流域典型优控单元污染治理模式与工程应用”课题（2018ZX07601-002）的资助。

目 录

第1章

湖泊及流域基本概况调查

1.1 项目由来及工作基础

1.1.1 项目由来

2011 年，在财政部、环境保护部的大力支持下，辽宁省大伙房水源保护区纳入国家湖泊生态环境保护首批 8 个试点之一。按照国家湖泊生态环境保护试点要求，省财政厅、环保厅（现生态环境厅）组织抚顺市、本溪市编制了《大伙房水源保护区生态环境保护试点总体实施方案》，并经省政府批准实施。“十二五”期间，抚顺市政府、本溪市政府依照实施方案组织开展了各项工作，对保护和改善大伙房水源保护区生态环境起到了至关重要的作用。

本次“大伙房流域生态安全评估及生态保护策略”为大伙房水源保护区 2015 年“国家江河湖泊生态环境保护项目”之一，据此开展相关调查评估工作。调查评估工作的基准年为 2011 年。

1.1.2 工作基础

按照国家湖泊生态环境保护试点要求，2011 年抚顺市政府编制了《大伙房水源保护区生态环境保护试点总体实施方案》，并于 2013 年对保护区范围内的生态环境保护对策措施、项目安排进行了深化、细化，形成了修订方案。

2012 年，辽宁省环境科学研究院对保护区进行了生态调查，并形成了《大伙房水库生态安全基线调查报告》。

2014 年，辽宁省水源办组织编制了《辽宁省大伙房水源保护区（大伙房水库部分）综合治理五年行动计划》，确定了大伙房水源地综合治理工作按照“调整、治理、培育、管理”四位一体的总体思路展开。

2011—2015 年，按照环境保护部要求，抚顺市政府每年对大伙房水库进行一次水源环境状况评估，并组织编制了《抚顺市集中式饮用水水源环境状况评估报告》。

另外，辽河流域“十二五”水专项以及其他研究也对大伙房水库上游的环境状况进行了相关的调查、监测和评价。

调查期间，抚顺市水源办下发了《关于上报水源保护绩效调查基础数据的通知》（抚水源办发〔2016〕16 号），水源保护区内各乡镇按照通知要求逐级上报了调查基础数据。

在以上工作的基础上，本次调查评估收集了现有的基础数据，汇总了各乡镇的上报数据，并进行了水源保护区现场踏勘调研，对缺失的数据进行了补充监测，然后按照《湖泊生态安全调查与评估技术指南》的要求，完成了此项评估工作。

1.2 生态安全调查范围

按照《辽宁省人民政府关于确定大伙房饮用水水源保护区定界结果的批复》（辽政〔2015〕151 号），结合实际地形地貌、国务院批复的 134 m 高程移民线，以及 202 国道、台上线、抚金线和沈吉铁路等现有永久性交通基础设施，界定大伙房水源保护区（大伙房水库部分，以下简称保护区）总面积约为 5 500.3 km^2。其中，一级保护区面积约为 109.8 km^2（大伙房水库和苏子河输水河道分别约为 105.1 km^2 和 4.7 km^2），二级保护区约为 247.7 km^2（大伙房水库和苏子河输水河道分别约为 239.0 km^2 和 8.7 km^2），准保护区约为 5 142.8 km^2。本次生态安全调查范围为大伙房水源保护区大伙房水库部分，保护区具体位置及生态安全调查范围见图 1-1。

图 1-1　大伙房水源保护区生态安全调查范围示意图

1.3　湖泊流域自然环境

1.3.1　地理位置

大伙房水源保护区位于辽宁省东部偏北、抚顺市浑河上游，涵盖了抚顺市三县一区（抚顺县、清原县、新宾县和东洲区），共 22 个乡镇、254 个行政村，涉及面积约为 5 500 km^2。其中包括：抚顺县的后安镇、上马乡、汤图乡；清原县的红透山镇、草市镇、英额门镇、湾甸子镇、敖家堡乡、枸乃甸乡、南口前镇、大苏河乡、南山城镇、清原镇、北三家乡；新宾县的榆树乡、红升乡、上夹河镇、木奇镇、南杂木镇、新宾镇和永陵镇；东洲区的章党镇。

大伙房水库是大伙房饮用水水源的取水口所处位置，距抚顺市中心约 18 km，距沈阳市约 68 km；地理坐标为东经 123°39′42″～125°28′58″，北纬 41°41′10″～42°38′32″；水库东西长约为 35 km，水面最宽处约为 4 km，最窄处约为 0.3 km，是一座带状河谷型水库。

1.3.2 地质地貌

保护区地质状况主要是灰色混合质黑云变粒岩、含石榴黑云角闪变粒岩和斜长角闪岩夹浅粒岩，但由于受混合岩化和花岗岩化的作用，现多呈残体分布。

保护区所处位置山势连绵起伏，地貌单元按其形态可划分为低山、丘陵及河流谷地等类型。保护区地处长白山支脉西南延续部分的低山地区，呈东南高、西北低走势。东部和南部为山峦起伏的低山地区，北部为山势低平的丘陵地带，西部为地势平缓的浑河冲积平原，与辽河冲积平原相连，其余为山间盆地与山间谷地。

1.3.3 气象气候

保护区地处中温带大陆性季风气候，主要气候特点是夏季炎热多雨，冬季寒冷漫长，春、秋两季较短，春季多风，秋季凉爽。保护区年平均气温为 4～7℃，其中最冷月（1 月）平均气温为−17～−14.1℃，极端最低气温为−40.5℃；最热月（7 月）平均气温为 22～24℃，极端最高气温为 40.3℃；气温分布呈东低西高趋势，最高相差 1.8℃。保护区内多年平均降水在 650～800 mm，降水量年际变化较大，丰水年和枯水年相差 3 倍以上；降水年内差异明显，主要集中在 6—9 月，占全年的 70%～80%，其中 7 月、8 月占全年的 50%左右。保护区内春、夏两季多西南风，秋、冬两季多西北风；一般风力为 3～4 级，最大风力达 7～8 级。保护区主要的气象灾害为低温冷害、暴雨和大暴雨、霜冻、冰雹，其中冰雹造成的损失和伤害最大。

1.3.4 土地利用状况

统计结果表明，2011—2015 年，保护区内的土地利用格局基本没有变化，以耕地和林地为主。其中林地占保护区总面积的 82.31%（2015 年）、耕地占保护区总面积的 10.51%（2015 年），耕地中又以旱地为主。

2015 年保护区内土地利用统计情况具体见图 1-2 和表 1-1。

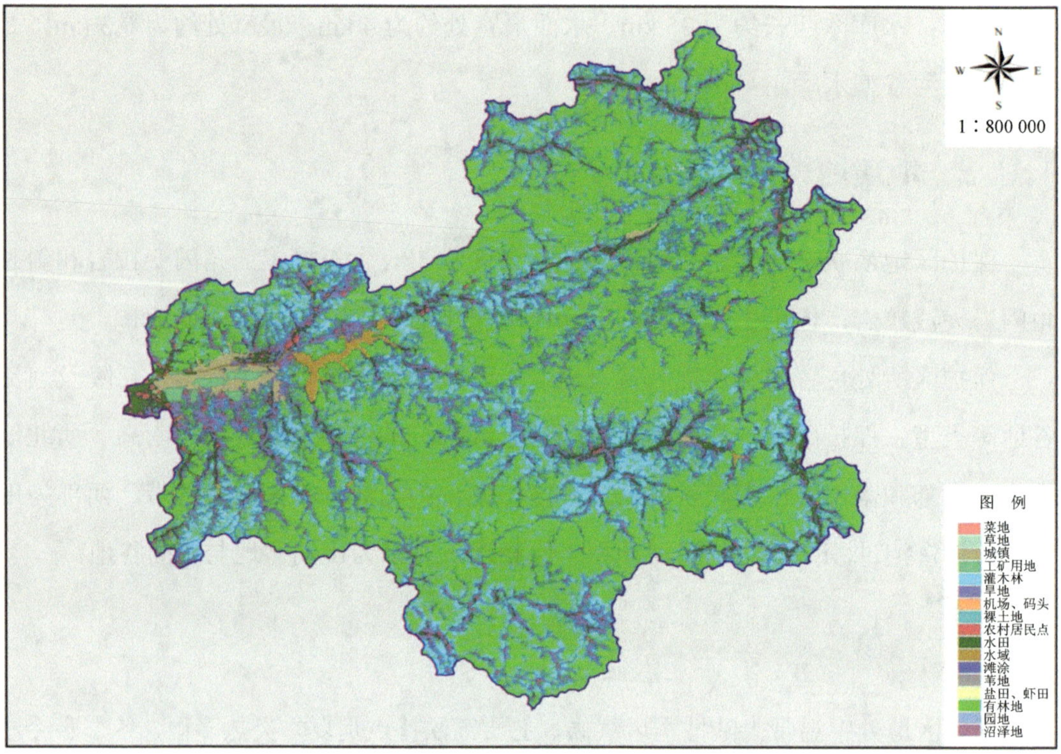

图 1-2　抚顺市土地利用示意图

表 1-1　2015 年保护区内土地利用情况统计结果一览表

土地利用类别		面积/km^2	百分比/%
耕地	水田	116.90	2.13
	水浇地	3.25	0.06
	旱地	457.51	8.32
	小计	577.66	10.50
园地		15.69	0.29
林地		4 527.55	82.31
草地		54.64	0.99
商服用地		1.95	0.04
工矿仓储用地		11.99	0.22

土地利用类别	面积/km²	百分比/%
住宅用地	92.30	1.68
公共管理与公共服务用地	20.30	0.37
特殊用地	0.35	0.01
交通运输用地	51.22	0.93
水域及水利设施用地	110.04	2.00
其他用地	36.61	0.67
合计	5 500.3	100.00

1.3.5　自然资源

（1）森林资源

保护区内森林资源丰富，森林覆盖率达到 70%以上。繁茂翠绿的松林、挺拔劲秀的柞林、披红挂素的桦林和宏伟壮观的人工落叶松林交相辉映，构成了林区的主体。此外，云杉、水曲柳、花曲柳、椴、榆、黄菠萝、刺楸等珍贵乡土树种也有相当数量的分布。保护区内广袤的森林，不仅具有重要的水源涵养作用，还能够补给和调节径流、削减洪峰、蓄纳洪水。

（2）野生动植物资源

保护区气候温和，雨量充沛，湿度适中，山多林密，河流纵横，为野生动物提供了良好的生存、栖息、繁衍条件。其中，经济价值较高的野生植物近 300 种；鱼类以青、草、鲢、鳙经济鱼类为主；鸟类等其他生物资源也较为丰富，有珍稀物种的出现、栖居和繁衍；有益的昆虫、微生物、菌类则更为繁多。

（3）药材资源

保护区山多林密，雨量充沛，具有药材生长的优越自然条件。区内药材门类齐全、种类繁多，蕴藏量较大。其中野生药材中比较珍贵、收购量较大的有山参、细辛、桔梗、龙胆草、五味子、黄柏、刺五加、大力子、柴胡和淫羊霍等；人工家种家养药材主要有人参（园参）、细辛、平贝母、桔梗、天麻、黄芪、鹿茸等。

（4）矿产资源

保护区内矿产资源较为丰富，主要为铁矿，另外还有金、铜、锌、铅等有色及贵金属矿，其中红透山铜锌矿的规模和储量居全省前列。

1.4 湖泊水环境特征

1.4.1 湖泊及主要入湖河流水文水动力特点

大伙房水库为带状河谷型水库，水库东西长约为 35 km，水面最宽处约为 4 km，最窄处约为 0.3 km。水库最大水深约为 37 m，最大库容量约为 22.68 亿 m^3；水库总库容约为 22.68 亿 m^3，防洪库容约为 11.82 亿 m^3；最高水位达 138.8 m（相应库容约为 22.68 亿 m^3），正常水位达 131.5 m（相应库容约为 14.30 亿 m^3），防洪限制水位为 126.4 m，死水位为 108 m（相应库容约为 1.34 亿 m^3），绝对死水位为 94.0 m；最大蓄水面积约为 114 km^2，正常蓄水面积约为 98 km^2。

保护区内共有流域面积 50 km^2 以上的河流 35 条，其中直接汇入大伙房水库的河流有浑河、苏子河和社河；此外还有流域面积在 10～50 km^2 的 7 条小型河流直接汇入大伙房水库。

浑河发源于清原满族自治县，从东至西贯穿抚顺全区，浑河在抚顺境内的干流长度约为 207.5 km，流域面积约为 731.1 km^2。浑河上游在清原满族自治县马前寨附近分南北两支，南支为红河，北支为英额河，汇合后始称浑河，在清原北杂木入大伙房水库。红河、英额河和大伙房水库以上浑河干流均在清原满族自治县境内，流域面积约为 2 350 km^2，约占该县面积的 60%。

苏子河发源于新宾满族自治县红升乡五凤楼，流经红升乡、新宾镇、永陵镇、木奇镇、上夹河镇等乡镇，汇入大伙房水库。河长约为 147 km，流域面积约为 2 230 km^2，是浑河流域在抚顺境内的最大一条支流，其中在新宾满族自治县境内河长约为 119 km，流域面积约为 2 080 km^2。

社河发源于抚顺县后安镇新开岭西侧，流经佟庄子村、后安镇、上马镇、南章党村、四家子村等村镇，在台沟汇入大伙房水库，河长约为 43 km，流域面积约为 468 km^2，全部在抚顺县境内。

大伙房水库主要汇水水系见图 1-3。

图 1-3 大伙房水库主要汇水水系图

1.4.2 水资源状况

2015 年，保护区水资源总量约为 19.38 亿 m^3，其中：地表水资源量约为 19.18 亿 m^3、地下水资源量约为 6.40 亿 m^3、重复计算量约为 6.20 亿 m^3。

大伙房水库承担着辽宁省抚顺、沈阳、辽阳、鞍山、营口、盘锦和大连七城市的生活供水任务，供水区人口达 2 300 余万人。保护区内河流密集，集水面积广，水资源主要来源于较为充沛的降水。大伙房水库年均径流量约为 15.7 亿 m^3，最大径流量约为 30.31 亿 m^3，最小径流量约为 5.72 亿 m^3。浑河是大伙房水库的主要供水河流，占入库河流总水量的 50%以上。

大伙房水库入库年径流量、汛期径流量、非汛期径流量多年存在不显著的减少趋势，且入库径流年内分配极不均匀，主要集中在 7 月末。人类活动对大伙房水库入库径流的影响总体上呈上升趋势。

1.4.3　水环境功能区划

根据《抚顺市地表水环境功能区划》，大伙房水库的水环境功能区划类别为Ⅱ类。

《辽宁省大伙房水源保护区（大伙房水库部分）综合治理五年行动计划》确定的水质目标为：到 2015 年年底，大伙房水源保护区生态环境安全得到有效保障，大伙房水库水质（按现行评价指标）基本达到Ⅱ类标准，总氮浓度显著下降；到 2018 年年底，大伙房水库水质（按现行评价指标）稳定达到Ⅱ类标准，二级保护区、准保护区内水质基本达到国家地表水Ⅲ类标准。

大伙房水库保护区水环境功能区划见图 1-4。

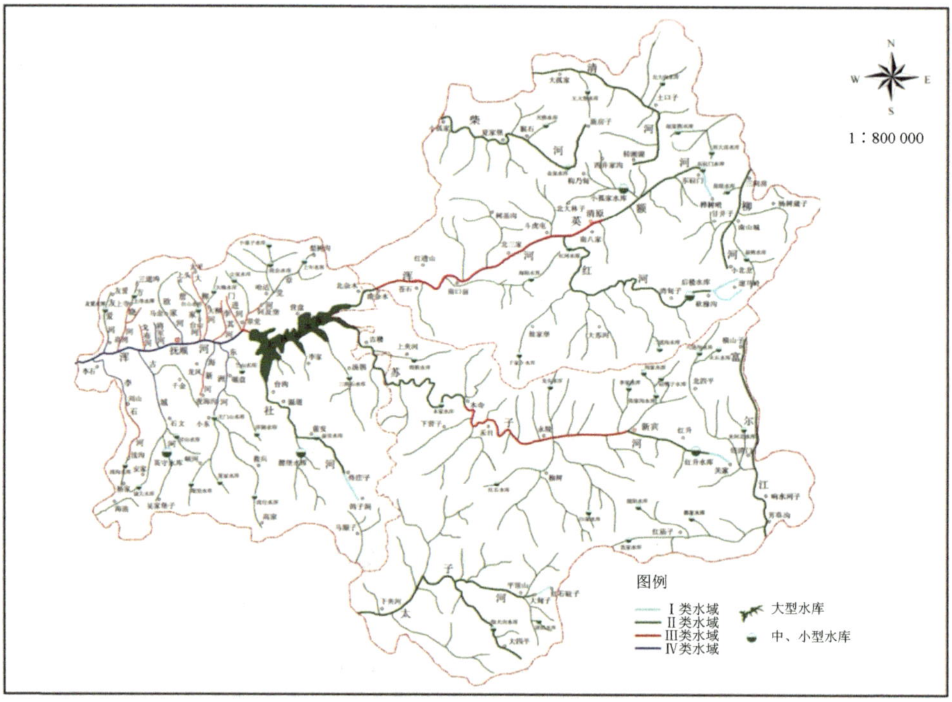

图 1-4　大伙房水库保护区水环境功能区划图

1.4.4　湖泊水动力特征

在各个时期，水库表层流场受库区风场作用明显，大小一般会比中层流场和底层流场大。受地形、风力等因素影响，大伙房水库坝前区域会出现环流。在枯水季节和丰水季节，中层水体会出现与表层流向相反的流动，即出现补偿流态。丰水季节由于河流入流和降水量比其他时期多，其各层流场的流速明显大于其他时间点。

通过对水库流场计算结果的分析发现，风是影响大伙房水库流场结构的主要因素之一，库区风场对表层水体流场影响最大，并会在水库中层和底层产生补偿流态，而水库入流和出流产生的吞吐流对库区内水流结构影响较小。大伙房水库坝前区域和库区中心至社河入流处之间的区域比较容易形成环流结构，这是风应力和地形共同作用的结果。相比于河流入流和水库出流位置，库区内部的水体流速较小，流体之间的交换量少，容易造成有机物的沉积从而发生水体的富营养化。另外，在枯水季节和丰水季节水库表层至底层的水体流速呈递减的规律，而在平水季节水库表层和底层水体流速基本相等，甚至表层流速略小于底层流速。

大伙房水库为分层型水库。夏季时水库水温处于稳定的分层状态，温跃层的存在阻碍了垂向水体的交换，使得水库表层和底层温差较大。秋季时水体垂向上的混合加剧，表层和底层温度基本一致，水温不分层。

大伙房水库水温的水平分布也随着季节的不同而呈现一定的规律，春季时从水库上游至坝前区域水温呈递减的趋势，这一趋势在水库底层表现得尤为明显。进入夏季，水库表层水体温度由河流入流处至坝前区域变为递增的趋势，底层水体温度变化趋势与春季大致相同。秋季时无论是表层还是底层均出现从上游至坝前区域水温逐渐升高的趋势。分析原因是风力作用会加强水库表面温水层与下层水体之间的交换，使表层水温降低，底层水温升高；另外，入库流量的增大会使水库表层和底层水温同时升高，在一定程度上削弱温度分层。

1.4.5 大型水利工程

（1）主要水库

保护区内共有水库 66 座，其中，大型水库 1 座，为大伙房水库，最大库容量约为 22.68 亿 m^3；最大库容量在 1 000 万 m^3 以上的有 6 座，包括腰堡、小孤家子、后楼、红河、红升、穆家；其他 59 座水库最大库容量在 1 000 万 m^3 以下，具体见表 1-2。

表 1-2 保护区内水库基本情况一览表

序号	水库名称	最大库容量/万 m^3	主要功能	所处位置
1	大伙房	22.68 万	生活饮用水水源	东洲区章党镇
抚顺县				
2	前安	118	灌溉、养殖	后安镇前安村
3	腰堡	1 344	灌溉、养殖	后安镇腰堡村
4	油房	16.85	灌溉、养殖	上马乡油房村
5	三块石	351	灌溉、养殖	汤图乡西腰堡村
清原县				
6	小孤家子	2 141	生活饮用水水源	清原镇小孤家子村
7	后楼	1 494	灌溉、养殖	湾甸子镇河东村
8	红河	1 219	发电、养殖	清原镇四道河
9	赵家街	117	灌溉、养殖	草市镇赵家街村
10	刘大房	380	灌溉、养殖	草市镇刘大房子村
11	东砬门	221	灌溉、养殖	英额门镇丁家街村
12	于家堡	385	灌溉、养殖	敖家堡乡于家堡村
13	前秧	790	灌溉、养殖	南山城镇三胜堡村
14	二道沟	128	灌溉、养殖	湾甸子镇二道沟村
15	大泉眼	68	灌溉、养殖	南山城镇大泉眼村
16	海阳	134	灌溉、养殖	南口前镇海阳村
17	大窝棚	92.78	灌溉、养殖	草市镇大窝棚村
18	二道河	82.92	灌溉、养殖	南山城镇二道河村
19	黑石	76.40	灌溉、养殖	南山城镇黑石头村
20	砍椽沟	75	灌溉、养殖	湾甸子镇砍椽沟村
21	草市六队	66	灌溉、养殖	草市镇草市村
22	康家街	57.8	灌溉、养殖	南山城镇康家街村
23	甘井沟	49.9	灌溉、养殖	草市镇甘井沟村
24	上堡	47.40	灌溉、养殖	上堡村
25	上甸子	47	灌溉、养殖	草市镇上甸子村
26	蚂蚁沟	46	灌溉、养殖	南山城镇东五里堡村
27	中堡	46	灌溉、养殖	南山城镇中堡村

序号	水库名称	最大库容量/万 m^3	主要功能	所处位置
28	富丰屯	43	灌溉、养殖	草市镇富丰屯村
29	大板河	33	灌溉、养殖	草市镇大板河村
30	泡子沿	28.4	灌溉、养殖	草市镇泡子沿村
31	下堡	31.20	灌溉、养殖	下堡村
32	三道河	27.95	灌溉、养殖	南山城镇三道河村
33	甘井子	25	灌溉、养殖	南山城镇甘井子村
34	双井沟	24.5	灌溉、养殖	草市镇双井沟村
35	胜利	34	灌溉、养殖	南山城镇胜利村
36	小板河	21	灌溉、养殖	草市镇小板河村
37	太平沟	20.2	灌溉、养殖	草市镇太平沟村
38	王油房	18.5	灌溉、养殖	草市镇王油房村
39	转湘湖	16.8	灌溉、养殖	英额门镇转湘湖村
40	二洼	16.08	灌溉、养殖	草市镇二洼村
41	小城子	15.2	灌溉、养殖	草市镇小城子村
42	任家街	12.9	灌溉、养殖	草市镇任家街村
43	东岗	12.45	灌溉、养殖	草市镇东岗村
44	粘泥岭	12.4	灌溉、养殖	草市镇粘泥岭村
45	长兴沟	12	灌溉、养殖	草市镇长兴沟村
新宾县				
46	红升	3 892	生活饮用水水源	红升乡红升村
47	大块地	333	灌溉、养殖	新宾镇大块地村
48	皇寺	122	灌溉、养殖	永陵镇老城村
49	李家	197	灌溉、养殖	新宾镇李家村
50	得胜	203	灌溉、养殖	上夹河镇上夹河村
51	白家	390	灌溉、养殖	永陵镇腰堡村
52	砬嘴	251.23	灌溉、养殖	新宾镇砬嘴村
53	龙头	159	灌溉、养殖	新宾镇五道堡村
54	红石	153.73	灌溉、养殖	榆树乡红石村
55	莫家	128.73	灌溉、养殖	新宾镇后仓村
56	刘家	103.25	灌溉、养殖	新宾镇刘家村

序号	水库名称	最大库容量/万 m^3	主要功能	所处位置
57	尹家	78.80	灌溉、养殖	新宾镇尹家村
58	瓦子沟	72.5	灌溉、养殖	永陵镇老城村
59	红旗沟	37.08	灌溉、养殖	新宾镇红旗沟村
60	错草	13.5	灌溉、养殖	永陵镇错草村
61	下房子	37.69	灌溉、养殖	上夹河镇下房子村
62	穆家	1 812	发电、养殖	木奇镇穆家村
东洲区				
63	公家	278	灌溉、养殖	章党镇公家村
64	黄金	103	灌溉、养殖	章党镇黄金村
65	太平	42.66	灌溉、养殖	章党镇太平沟村
66	上头	28.30	灌溉、养殖	章党镇上头村

（2）富尔江调水工程

富尔江调水工程是为缓解沈阳、抚顺两大城市的工农业用水而修建的。工程主要由枢纽工程和引水渠道两大部分组成，枢纽工程包括富尔江、夹河、旺清河的 9.3 km 护堤、160 m 的溢流坝、3 孔冲砂闸和左右两侧岸墙及进水闸，引水渠道包括引渠、渠尾和隧洞 3 个部分。

富尔江发源于吉林省通化县与辽宁省新宾县交界的大顶子山南麓，富尔江水由新宾县旺清门镇的南窑村河段引入，经隧洞引入红升水库，通过红升水库调节后流入苏子河而最终流入大伙房水库。该工程于 1994 年 7 月 1 日建成通水。

（3）沈阳市城市引水工程

为保障沈阳市国民经济持续稳定发展和人民生活水平不断改善，国家计划委员会于 1986 年 12 月 26 日以计资（1986）2639 号文批复了《沈阳市大伙房水源供水工程设计任务书》。辽宁省人民政府以辽政办（86）57 号文《关于同意沈阳市引用大伙房水库水的批复》批准了沈阳市引用大伙房水库水。

工程于 1988 年 10 月动工修建，1993 年 9 月竣工并通水。为合理利用水能资源，发挥水库的综合效益，在隧洞出口增建一座水电站，年发电量约为 4.065×10^7 kW·h。在正常情况下，沈阳市从大伙房日引水量约为 42 万 m^3，流量约为 4.861 m^3/s。

（4）浑江引水工程

为满足辽宁中部城市工农业及人民生活用水需求，2002 年 9 月动工修建了跨流域浑江引水工程，即大伙房输水工程，系自本溪市桓仁县桓仁水库的坝下凤鸣电站库区自流引水，经过 85.5 km 的输水隧洞，将水引至新宾县苏子河的穆家电站下游，经苏子河汇入大伙房水库，并经其反调节再向浑河、太子河及大辽河地区的抚顺、沈阳、辽阳、鞍山、营口和盘锦等城市供水的一系列大型跨流域引水工程。该工程设计引水流量为 60 m^3/s，多年平均引水达 18.2 亿 m^3。具体见图 1-5。

图 1-5 浑江引水工程示意图

第2章

湖泊流域社会经济影响调查

2.1 流域社会经济影响调查

2.1.1 流域行政区划

保护区位于辽宁省东部偏北、抚顺市浑河上游，涵盖了抚顺市三县一区（抚顺县、清原县、新宾县和东洲区），共 22 个乡镇、254 个行政村，涉及面积约为 5 500 km^2，总人口约有 51 万人。其中包括：抚顺县的后安镇、上马乡、汤图乡；清原县的红透山镇、草市镇、英额门镇、湾甸子镇、敖家堡乡、枸乃甸乡、南口前镇、大苏河乡、南山城镇、清原镇、北三家乡；新宾县的榆树乡、红升乡、上夹河镇、木奇镇、南杂木镇、新宾镇和永陵镇；东洲区的章党镇。

保护区内乡镇、行政村分布具体见表 2-1。

表 2-1 保护区内乡镇行政村分布情况一览表

项目	分级	所在县	所在乡镇	所在村或地区
大伙房水库	一级区	抚顺县	上马乡	台沟村、通什村下通什组、坎木村、市政府农场、六二八厂、李家村三道组
		清原县	红透山镇	北杂木村（4 个组）、沔阳村沔阳（5 个组）
		新宾县	上夹河镇	古楼村、河西村、河西村荒地组
		东洲区	章党镇	二伙洛村一组、二组、三组、四组、五组、六组、七组、八组；洼子村洼子伙洛组、辖治伙洛组；高丽村高丽组、新屯组、石窝子组；榆树村榆树组、腰堡组；营盘村一组、二组、三组、窑地；驿马村一组、二组、三组；石门岭村磨石沟组；市委党校
	二级区	抚顺县	上马乡	四家子村西崴子组、姚家村抄道组、姚家村姚家组、油坊村由家组、通什村上通什组、赵家村赵家组、李家村李家组、窑沟村大王家组、窑沟村小王家组、竖碑村英桃组、竖碑村竖碑组、苍什村苍什组、苍什村哈塘组、温道村
			汤图乡	百花村

项目	分级	所在县	所在乡镇	所在村或地区
大伙房水库	二级区	东洲区	章党镇	土口子村万金屯组、土口子组；洼子村曲柳树组；高丽村下窝棚组、石材一厂；榆树村白金屯；营盘村石灰窑子；驿马村四组、五组
		清原县	红透山镇	栏木桥村、苍石村滩洲自然屯、沔阳村朝阳自然屯
		新宾县	南杂木镇、上夹河镇	南杂木村；朝阳村；榔头沟村；转弯子村、转弯子村邱家堡子组、转弯子村下街组；古楼村、古楼村二道河组、古楼村柳河沟组；东街村、河西村、胜利村
	准保护区	抚顺县	上马乡、后安镇、汤图乡	上马村、下马村、西古村、四家子村、窑沟村、油坊村；前安村、同安村、南章党村、郑家村、佟庄子村、馒首村、腰堡村、五龙村、四道村、王家村、李家村、傲牛村、后安村；龙凤村、占贝村、汤图村、河东村、鲍家村、三块石村、石棚子村、庄家村
		清原县	北三家乡、敖家堡乡、大苏河乡、枸乃甸乡、清原镇、红透山镇、英额门镇、南口前镇、湾甸子镇、草市镇、南山城镇	马前寨村、四道河村、新立屯村、吴家沟村、猴石沟村、古城子村、腰站村、镇西村、中寨子村、镇东村、前进村、阿尔当村、斗虎屯村、黄旗沟村、椴木沟村、长山堡村、大苏河村、长沙村、钓鱼台村、平岭后村、小苏河村、大堡村、三十道河村、和庆村、杨家店村、南天门村、夹皮沟村、敖家堡村、大东沟村、于家堡村、小莱河村、大莱河村、台沟村、马家沟村、敖石哈村、湾甸子村、尖山子村、砍椽沟村、红树沟村、大那路村、得胜村、大庙村、风道村、大边沟村、龙头村、七道河村、英额门村、长春屯村、孤山子村、大石头沟村、湾龙背村、大林子村、新民屯村、崔庄子村、椽子沟村、柳木桥村、幸福村、丁家街村、转湘湖村、北三家子村、黑石木村、上菸沟村、双河村、下寨子村、肖家堡村、树基沟村、西大林村、李家堡村、牛肺沟村、张家堡村、王家堡村、北口前村、暖泉子村、康家堡村、南口前村、什排地村、高力屯村、海阳村、包草甸村、十八岭村、南三家村、向阳村、红透山村、苍石村、六家子村、沔阳村、栏木桥村、北杂木村、下大堡村、沿水沟村、枸乃甸村、中心屯村、线金厂村、井家沟村、侯窝棚村、北大林村、筐子沟村、朱家堡村

项目	分级	所在县	所在乡镇	所在村或地区
大伙房水库	准保护区	新宾县	南杂木镇、上夹河镇、木奇镇、榆树乡、永陵镇、新宾镇、红升乡	朝阳村、国道旁村、聂尔库村、榔头村；五龙村、马尔墩村、大堡村、腰站村、胜利村、南嘉禾村、徐家村、吕家村、上夹河村；大洛村、下营子村、赵家村、下湾子村、东韩家村、木奇村、东站村、水手村、穆家村、小洛村、房申村；红旗村、前进村、蔬菜村、后堡村、头道砬子村、错草村、老城村、永陵朝村、二道河村、金岗村、色家村、那家村、李家村、腰堡村、头道堡村、嘉禾村、驿马村、五道堡村、西堡村、大和睦村、下房子村、夏园村、团结村、羊祭台村、陡岭村；蔡家村、边外村、何家村、罗圈村、哈山村、彭家村、都督村、样子沟村、岔路子村、小洛村、大洛村；五副甲村、前进村、胜利村、胜利朝鲜族村、和平村、民主村、八宝村、砬嘴村、后仓村、石碑村、黄旗村、秋木村、五里村、照阳村、下坎村、和平蔬菜村、兰旗村、兰旗朝鲜族村、刘家村、刘家朝村、尹家村、佟家村、郝家村、达子营村、拨堡沟村、网户村、向阳村、林子头村、茶棚村、关家村、红旗沟村；旧门村、北蜂蜜沟村、南蜂蜜沟村、红升村、张家村、关家村、白旗村
苏子河输水河道	一级区	新宾县	—	区内无任何建筑物
		抚顺县	—	区内无任何建筑物
	二级区	抚顺县	汤图乡	占贝村：二道河组、占贝组、后三道河组、后西沟组； 河东村：前三道河组、大河东组、小河东组、王盱哨组
		新宾县	上夹河镇、木奇镇	河西村；古楼村；大堡村大堡河南组；南嘉禾村五道河组；穆家村章京组、穆家村章京组岭后屯、穆家村穆家河西组

2.1.2 流域社会经济调查

2011—2015 年，保护区内的主要社会经济指标具体情况见表 2-2，保护区内各社会经济发展指标变化趋势见图 2-1。

表 2-2　保护区内社会经济情况调查一览表

指标	2011 年	2012 年	2013 年	2014 年	2015 年
国内生产总值/万元	1 755 131	2 017 617	2 213 610	2 088 040	1 965 314
国内生产总值增长率/%	18.8	15.0	9.7	−5.7	−5.9
第一产业总产值/万元	299 985	365 579	401 805	397 555	403 296
第一产业占国内生产总值百分比/%	17.1	18.1	18.2	19.0	20.5
第二产业总产值/万元	934 955	1 058 148	1 161 773	1 001 811	869 419
第二产业占国内生产总值百分比/%	53.3	52.4	52.5	48.0	44.2
第三产业总产值/万元	520 190	593 890	650 032	688 674	692 599
第三产业占国内生产总值百分比/%	29.6	29.4	29.4	33.0	35.2
人均 GDP/万元	3.42	3.95	4.33	4.09	3.86

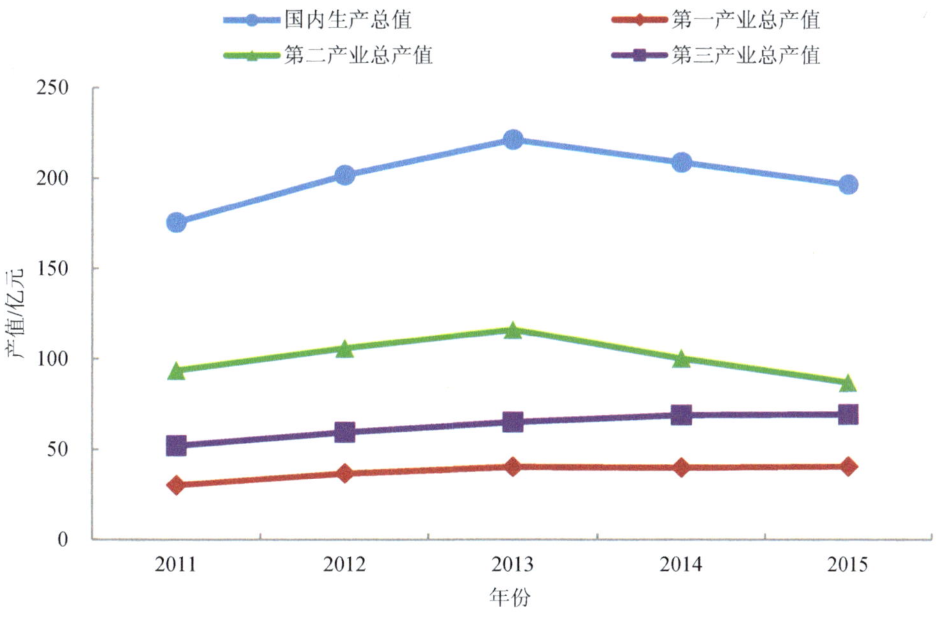

图 2-1　保护区内社会经济发展趋势图

根据调查数据，保护区内的国内生产总值 2013 年最高，2014—2015 年逐年下降，其中：

（1）第一产业总产值基本呈现逐年上升的趋势，在国内生产总值中的比例由2011年的17.1%上升至2015年的20.5%，在2013年后变化幅度不大；由于近年保护区内有机农业的快速发展，第一产业中以农业占比最大，占比达到40%左右，其次是畜牧业、渔业和林业，占比额分别为30%、15%和15%左右。

（2）第二产业总产值所占比例最大，达到44.2%～53.3%；第二产业中又以采矿业占据比例最大，能够达到70%以上；“十二五”期间对保护区内的采矿企业进行了整治，关停了部分整治后仍不符合产业政策及环保要求的采矿企业，第二产业总产值在2013年后逐年减少，在国内生产总值中的比例由2011年的53.3%下降至2015年的44.2%。

（3）第三产业总产值呈现逐年上升的趋势，且发展较为迅速，在国内生产总值中的比例由2011年的29.6%上升至2015年的35.2%，主要是由于旅游业带动的住宿餐饮业的迅速发展。

（4）总体上，保护区内的社会经济发展较为落后，且2013年后经济形势逐年下滑；第二产业比重逐年降低、第三产业比重逐年上升；较2015年全省人均GDP 6.5万元、抚顺人均GDP 5.9万元相比，保护区内人均GDP较为落后。

2.2 流域污染源状况调查

2.2.1 点源污染

（1）工业点源

保护区工业污染源主要分布在入库三条河流的沿途，其中，浑河（清原段）工业污染源集中于清原镇、红透山镇和南杂木镇三处；苏子河流域工业污染源集中于新宾镇和永陵镇；社河流域工业污染源较为分散。根据实际调查及污染源普查数据，保护区内现有工业企业64家，以矿业企业为主，全部位于准保护区范围内。

2015年，保护区内工业污染源及污染物产生和排放情况见表2-3。

表 2-3　2015 年保护区内工业污染源及污染物产生和排放情况一览表　　单位：t

名称	单位详细名称	废水排放量	COD 产生量	COD 排放量	氨氮产生量	氨氮排放量
抚顺县	国有抚顺县五龙林场	1 700	0.136	0.136	0.008 5	0.008 5
	国有抚顺县温道林场	1 700	0.136	0.136	0.008 5	0.008 5
	抚顺罕王傲牛矿业股份有限公司					
	国有抚顺县三块石林场	850	0.068	0.068	0.004	0.004
	辽宁三友农业生物科技有限公司	7 395	0.59	0.59	0.037	0.037
	抚顺罕王上马矿业有限公司					
	抚顺清道食用菌科技有限公司	7 420.5	0.59	0.59	0.037	0.037
	抚顺市源丰矿业有限公司					
	抚顺市塔二丈矿业有限公司					
新宾县	新宾满族自治县春风供暖有限公司	484	0.024 2	0.024 2	0.002	0.002
	新宾满族自治县供热管理所（河南站）	12 368.62	0.618	0.618	0.06	0.06
	新宾满族自治县海江热力站	450	0.022 5	0.022 5	0.002	0.002
	抚顺哥俩好化学有限公司	12 790.43	0.58	0.58	0.029	0.029
	抚顺市宏兴矿山机械配件有限公司	40	0.001 9	0.001 9	0.000 2	0.000 2
	新宾满族自治县红升矿业有限公司					
	新宾满族自治县隆兴制砖有限公司					
	新宾满族自治县供热管理所（河北站）	18 029	0.9	0.9	0.09	0.09
	抚顺海源肉禽加工有限公司	32 000	41.7	1.6	0.64	0.16
	新宾满族自治县鑫鸿物业有限公司	420	0.063	0.063	0.006	0.006
	新宾满族自治县凤梅供热有限公司	640	0.032	0.032	0.003 2	0.003 2
	新宾满族自治县金来顺矿业有限公司					
	辽宁大化国瑞新材料有限公司	6 962	0.35	0.35	0.035	0.035
	抚顺美世人造板有限公司	560	0.14	0.14	0.005 6	0.005 6
	新宾满族自治县木奇桂云供暖站	1 700	0.099	0.099	0.009	0.009
	抚顺市合鑫挖掘机配件制造有限公司					
	抚顺森隆达木业有限公司					

名称	单位详细名称	废水排放量	COD产生量	COD排放量	氨氮产生量	氨氮排放量
新宾县	新宾满族自治县兴旺供暖有限公司	907.5	0.135	0.135	0.01	0.01
	新宾满族自治县南杂木金亚机制木炭加工厂					
	抚顺市鑫泰矿山机械配件厂	360	0.018	0.018	0.001	0.001
	抚顺市添泷耐火材料有限公司	4 800	0.24	0.24	0.02	0.02
	抚顺隆烨化工南杂木有限公司	0	0.172	0	0.017 2	0
	抚顺市隆盛矿业有限公司					
	新宾满族自治县隆兴供热站	2 420	0.36	0.36	0.024	0.024
	新宾满族自治县中广矿石加工厂					
	新宾满族自治县成大矿业有限公司	0				
	新宾满族自治县万雄矿业有限公司上夹河分公司					
	新宾满族自治县中环路供暖站	3 025	0.45	0.45	0.03	0.03
	新宾满族自治县啟明供暖有限公司	874	0.126	0.126	0.008 7	0.008 7
	新宾满族自治县宏盛供暖处	2 420	0.36	0.36	0.03	0.03
清原县	清原满族自治县王家大沟金矿	8 975	1.448	0.448	0.044 8	0.044 8
	清原满族自治县硫化铁矿	0	4.51	0	1.351	0
	中国有色集团抚顺红透山矿业有限公司	0	106.8	0	10.22	0
	抚顺红透山铜矿服务公司第二选硫厂	58 500	5.810 4	5.810 4	0.58	0.58
	抚顺红透山铜矿服务公司综合厂					
	抚顺红透山铜矿服务公司					
	清原满族自治县热力总公司					
	辽宁省实验林场人造板厂	4 000	0.12	0.12	0.012	0.012
	抚顺红透山矿渣加工有限责任公司	797	0.17	0.17	0.009	0.009
	清原满族自治县万宝铅矿	40 950	4.35	1.023	0.08	0.08
	抚顺清原矿业有限公司	0	7.625	0	0.6	0
	清原满族自治县草市镇红星冶炼厂	145 220	11.46	9.39	0.4	0.4
	抚顺金莱矿业有限责任公司	0	0.28	0	0.028	0

名称	单位详细名称	废水排放量	COD产生量	COD排放量	氨氮产生量	氨氮排放量
清原县	抚顺市红透山金鼎铜业有限责任公司					
	清原满族自治县虎山石灰石有限公司					
	抚顺莱河矿业有限公司	0	20.41	0	1.76	0
	抚顺东兴矿业有限公司大东沟铁矿					
	抚顺东兴矿业有限公司吕家堡铁矿					
	清原满族自治县锦宇隆矿业有限公司	0	22.85	0	0.67	0
	清原满族自治县红透山镇沿水沟铁矿	0	10.77	0	0.33	0
	清原满族自治县鑫宇供暖有限公司	0				
	抚顺东兴矿业有限公司下甸子铁矿	315 000	6.862 5	4.05	0.5	0.5
	清原满族自治县财源矿业有限公司	0	10.77	0	0.45	0
	清原得胜禽业有限公司	167 760	261.6	20.52	14.04	2.16
	清原嘉禾金属制品有限公司					
合计		861 518	523.7	49.2	32.2	4.4

2011—2015 年，保护区内工业点源污染物排放年际变化情况见表 2-4 及图 2-2。

表 2-4 2011—2015 年保护区内工业点源污染物排放年际变化情况一览表

序号	项目	2011 年	2012 年	2013 年	2014 年	2015 年
1	工业用水量/万 t	4 699.7	6 246.1	5 131.4	4 911.2	4 582.8
2	取水量/万 t	1 342.7	2 508.8	1 383.1	1 222.7	1 069.1
3	重复用水量/万 t	3 356.9	3 737.3	3 748.4	3 688.5	3 513.7
4	重复水利用率/%	71.43	59.83	73.05	75.10	76.67
5	废水排放量/万 t	349.7	404.1	77.9	81.1	86.2
6	COD 排放量/t	124.3	231.0	52.7	51.3	49.2
7	氨氮排放量/t	4.0	2.5	1.2	3.8	4.4

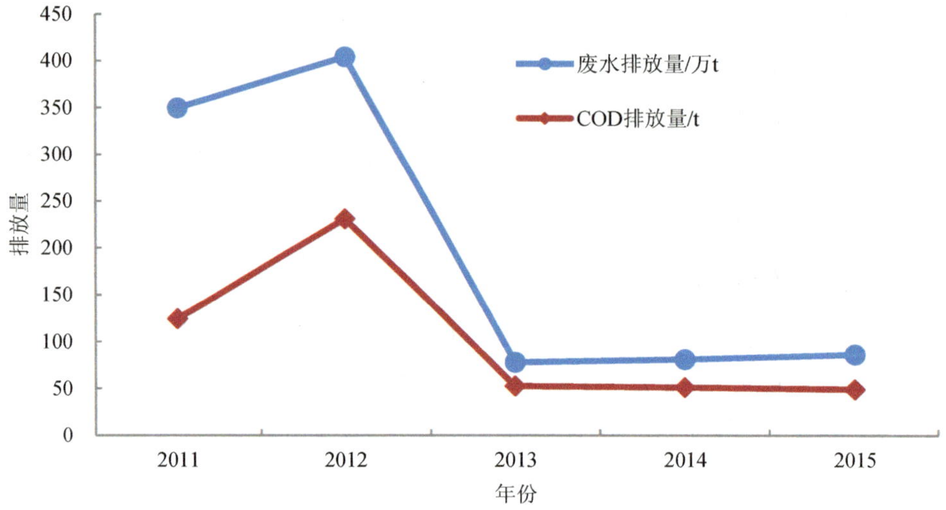

图 2-2　2011—2015 年保护区内工业点源污染物排放趋势图

由表 2-4 和图 2-2 可知，2012 年以后保护区内工业用水量逐年递减，重复水利用率逐年提升，取水量以及废水、COD、氨氮排放量在 2013 年大幅度削减。2013 年保护区对工矿企业进行了整治，关闭了部分整改后仍无法满足产业政策和环保要求的工矿企业，且对新宾满族自治县万雄矿业有限公司、中国有色集团抚顺红透山矿业有限公司、抚顺清原矿业有限公司、抚顺莱河矿业有限公司、清原满族自治县锦宇隆矿业有限公司、清原满族自治县红透山镇沿水沟铁矿、抚顺东兴矿业有限公司下甸子及大东沟铁矿、清原满族自治县财源矿业有限公司等工矿企业的废水进行了治理，经过处理后的废水能够全部回用不外排，实现了废水的“零”排放，削减了 COD 排放量近 180 t/a。同时，部分工业企业（例如抚顺海源肉禽加工有限公司）的废水经预处理后达标排入城镇污水处理厂进一步处理，这也是实现 2013 年废水及 COD 排放量大幅度削减的一个重要原因。

（2）城镇生活源

保护区内现有城镇人口约 16 万人，主要集中在清原县、新宾县县城以及后安、红透山、永陵等大镇。

2010 年，保护区内投入运行了红透山镇、清原镇、南杂木镇、新宾镇、永陵镇、后安镇 6 座污水处理厂，目前合计处理规模为 4.40 万 t/d；“十二五”期间，结合其污水产生、管网建设等实际情况进行了改造和完善，增加其污水收水区域，并分年度实施了提标改造，使其出水满足《城镇污水处理厂污染物排放标准》(GB 18918—2002）一级 A 标准，为缓解大伙房水库上游支流污染严重问题、保障流域下游用水安全起到了巨大作用。

另外，在 2014—2015 年，按照汇水区适度集中、就近收集，以及工艺上选择运行费用低、维护简便的一体化设备的总体原则，在草市镇、英额门镇、敖家堡乡、栒乃甸乡、南口前镇、大苏河乡、南山城镇、北三家镇、红升乡共 9 个乡镇以及政府、医院、学校、居民集中区等重点地区建设了 18 座污水处理设施，新增污水处理能力 3 820 t/d，实现了乡镇污水处理的全覆盖。乡镇污水处理工程均已在 2015 年年底前建设完成、验收完毕，由于部分工程污水收集及运行调试、管理、费用等实际问题，2016 年处于间歇运行状态。

2011—2015 年稳定运行的污水处理厂有红透山镇、清原镇、南杂木镇、新宾镇、永陵镇、后安镇 6 座，城镇生活污水的处理率约为 72%。城镇生活污水排放情况具体见表 2-5 及图 2-3。

表 2-5　2011—2015 年保护区内城镇生活污水排放情况一览表

年份	城镇人口数/人	生活污水排放量/（万 t/a）	污染物排放量/（t/a）			
			COD	总磷	总氮	氨氮
2011	157 831	604.9	1 073.7	13.3	227.5	146.3
2012	156 934	601.4	1 038.8	11.8	212.2	137.0
2013	156 956	601.5	1 050.5	11.9	214.0	138.7
2014	156 159	598.5	1 035.2	11.5	208.6	135.3
2015	164 465	630.3	1 077.6	11.6	215.2	139.5

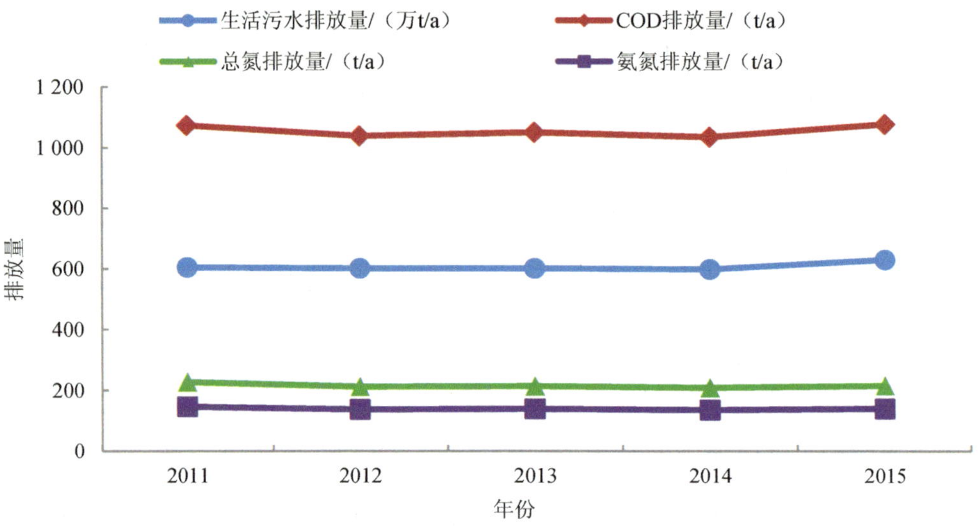

图 2-3　2011—2015 年保护区内城镇生活源污染物排放趋势图

由图 2-3 和表 2-5 可知，评估期间城镇生活污水排放基本随着城镇人口数量的变化而变化；2015 年由于城镇人口的增加，城镇污水及污染物的排放呈上升趋势。

另外，“十二五”期间对红透山镇、清原镇、南杂木镇、新宾镇、永陵镇、后安镇 6 座污水处理厂实施了提标改造，并扩大了其污水收水区域，使得保护区内城镇生活污水及污染物的单位排放量（t/人）逐年下降。

（3）规模化畜禽养殖

2013 年年底，保护区内规模化养殖场（小区）约 430 家、养殖专业户约 2 300 家，畜禽养殖规模约 1 600 万头（只）。总体上，保护区内按照“养殖场个数及规模只减不增”的原则，2014 年 9 月底前，由市、县（区）畜牧部门确定了每家规模养殖场和养殖专业户的养殖配额。同时，按照分区整治的原则，一级保护区划定为禁养区，二级保护区划定为限养区，准保护区发展生态养殖，同时积极发展有机肥产业，实现畜禽养殖粪便资源化、无害化处置利用。

2015 年，一级保护区内的 15 家规模化养殖场（小区）、养殖专业户全部搬迁完毕；准保护区内的 88 家规模化养殖场（小区）、养殖专业户按照“一场一策”的原则，由所在地县（区）政府分年度组织实施粪便污水治理，实现达标排放。

一级保护区搬迁的 2 家规模化养殖场、13 家养殖专业户，合计养殖存栏量为猪 2 124 头、肉鸡 4 200 只。准保护区完成 88 个规模养殖场（小区）、养殖专业户的改造升级，合计养殖存栏量为猪 30 130 头、肉牛 2 378 头、肉鸡 1 177 060 只。其中，抚顺县 16 个、清原县 38 个、新宾县 34 个，通过建设与养殖规模相适应的粪便堆放、污水贮存处理设施，以确保畜禽粪便、污水在防渗漏、防雨淋、防外溢的条件下经过充分发酵等措施全部作为有机肥资源化还田利用。

2015 年，保护区内规模化养殖场（小区）426 家、养殖专业户 2 297 家，畜禽养殖规模 1 594 万头（只），实际养殖存栏量为 431 万头（只），保护区内规模化畜禽养殖情况具体见表 2-6。

表 2-6　2015 年保护区内规模化畜禽养殖情况一览表

序号	分类	规模化养殖场（小区）/家	养殖专业户/家	养殖存栏量/头（只）			
				猪	肉牛	肉鸡	蛋鸡
1	二级保护区	40	133				
2	准保护区	386	2 164	64 860	20 150	3 212 400	1 016 040
3	合计	426	2 297				

按照《畜禽养殖业污染物排放标准》（GB 18596—2001），对具有不同畜禽种类的养殖场和养殖区，其规模可将鸡、牛的养殖量换算成猪的养殖量，换算比例为：1 头肉牛折算成 5 头猪、30 只蛋鸡折算成 1 头猪、60 只肉鸡折算成 1 头猪。由此分析得出，目前保护区内养殖品种以肉牛养殖为主，约占 40%，其次为猪、肉鸡和蛋鸡，占比分别约为 26%、21%、13%。经核算，2015 年保护区内规模化畜禽养殖 COD 年排放量为 2 150.1 t、氨氮年排放量为 62.2 t、总氮年排放量为 373.0 t、总磷年排放量为 75.4 t。

2.2.2　面源污染

（1）农村生活污染

保护区内城镇化率较低，农村人口约占 70%，人口总数约为 35 万人。由于农村住户比较分散，农村生活污水及生活垃圾不便集中处理。“十二五”期间，保护区内持续开展了“农村环境连片整治”项目，项目涵盖饮用水水源保护、生活污水处理、生活垃圾处理、畜禽养殖污染治理4类。保护区内共有254个行政村，基本全部开展了“农村环境连片整治”工作。其中污水的收集处理效率能够达到60%以上，农村垃圾的收集处理效率能够达到70%以上。保护区内农村生活垃圾、生活污水以及污染物排放量具体情况见表2-7及图2-4。

表2-7　2011—2015年保护区内农村生活源调查情况一览表

年份	2011	2012	2013	2014	2015
人口数/人	355 873	354 495	354 011	354 159	344 304
生活垃圾排放量/（万t/a）	9.1	9.1	9.0	9.0	8.8
生活污水排放量/（万t/a）	974.2	970.4	969.1	969.5	942.5
COD排放量/（t/a）	2 127.7	1 909.8	1 697.9	1 489.2	1 244.1
氨氮排放量/（t/a）	472.8	424.4	377.3	330.9	276.5
总氮排放量/（t/a）	709.2	636.6	566.0	496.4	414.7
总磷排放量/（t/a）	35.5	31.8	28.3	24.8	20.7

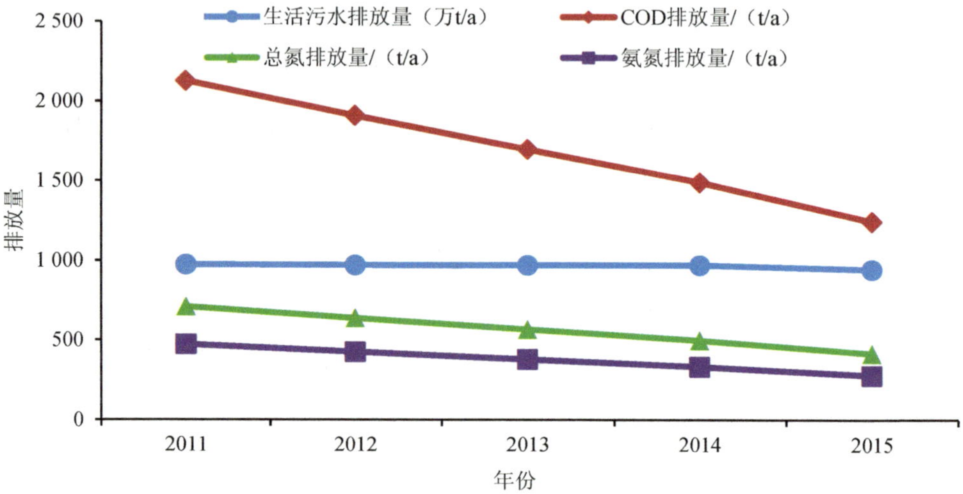

图2-4　2011—2015年保护区内农村生活源污染物排放趋势图

从保护区农村生活源污染物排放年际变化情况可以看出，随着农村人口的减少以及农村污染综合整治工作的全面实施，2011—2015 年污染物排放量总体呈逐年下降的趋势。

（2）种植业污染

2011—2015 年保护区内种植土地情况调查具体见表 2-8。

表 2-8　2011—2015 年保护区内种植土地情况调查一览表　　单位：亩①

序号	类型		2011 年	2012 年	2013 年	2014 年	2015 年
1	水田	梯田	47 173	47 173	47 173	47 173	47 173
2		非梯田	128 384	128 284	128 284	128 184	128 184
3	旱地	平地	485 258	485 158	485 058	484 858	484 758
4		缓坡地	159 763	159 763	159 763	159 763	159 763
5		陡坡地	41 741	41 741	41 741	41 741	41 741
6	园地	平地	22 301	22 301	22 201	22 201	22 201
7		缓坡地	1 318	1 318	1 318	1 318	1 318
8		陡坡地	23	23	23	23	23
9	合计		887 972	887 773	887 574	887 275	885 161

由表 2-8 可知，保护区内土地种植面积约为 88.5 万亩，种植面积和种植结构基本没有发生变化，其中：以旱地种植为主，约占种植总面积的 77.5%；其次是水田，约占种植总面积的 19.8%；园地种植最少，约占种植总面积的 2.7%。

2014 年，以抚顺县、清原县、新宾县和东洲区“三县一区”政府为实施主体，对保护区一级保护区内 3.77 万亩耕地全部退耕，以租代征，除特殊敏感区域建设生态湿地外，实行自然封育，逐步恢复自然生态环境；同时保护区内大力发展有机农业，2014—2015 年，保护区内建设有机水稻基地 1 万亩、有机杂粮基地 1 万亩。在采取以上措施后，有效降低了农业耕种带来的化肥、农药流失污染，同时提升了污染物入库阻隔功能。

① 1 亩=0.066 7 hm^2。

经核算，2015 年保护区种植业污染物排放情况具体见表 2-9。

表 2-9　2015 年保护区种植业污染物排放情况调查一览表

序号	指标名称		面积/亩	农田径流排放量/（t/a）		
				总氮	总磷	氨氮
1	水田	梯田	47 173	60.8	1.4	10.1
2		非梯田	128 184	32.9	1.5	5.5
3	旱地	平地	484 758	151.7	3.4	25.3
4		缓坡地	159 763	49.2	6.6	8.2
5		陡坡地	41 741	0.5	0.1	0.1
6	园地	平地	22 201	9.1	0.0	1.5
7		缓坡地	1 318	0.1	0.0	0.0
8		陡坡地	23	0.0	0.0	0.0
9	合计		885 161	304.4	13.1	50.7

由表 2-9 可知，2015 年保护区内种植业污染物排放情况为总氮 304.4 t、总磷 13.1 t、氨氮 50.7 t，其中，旱地由于种植面积大，成为种植业污染物的主要来源，对总氮、总磷污染物的贡献率分别达到 66%和 78%；水田的种植业流失系数较旱地、园地高，对总氮、总磷污染物的贡献率分别达到 31%和 22%；园地由于种植面积小、流失系数低，所以贡献率较低，具体见图 2-5。

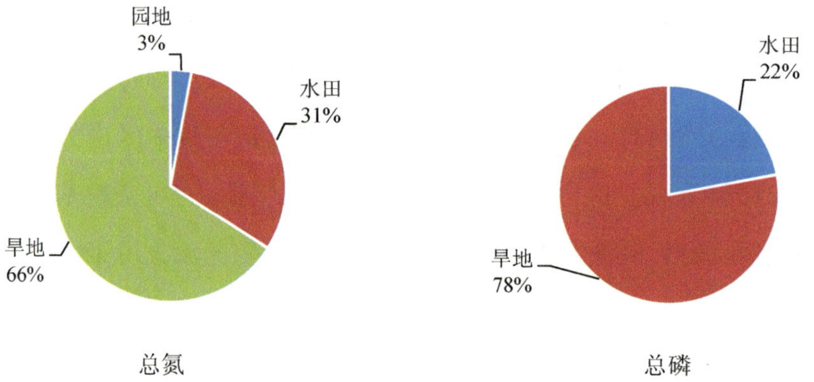

图 2-5　2015 年种植业各类污染分担贡献比例示意图

（3）畜禽散养污染

经调查，保护区内分散养殖的畜禽种类包括猪、牛、羊、鸡、鸭、鹅，养殖构成及养殖总量基本没有变化，分散养殖的具体情况见表2-10。

表2-10　2011—2015年保护区内畜禽散养情况调查一览表　　单位：头（只）

年份	猪	牛	羊	鸡	鸭	鹅	合计
2011	76 709	20 020	77 012	3 133 851	249 114	186 495	3 743 201
2012	77 179	19 938	76 141	3 168 243	248 275	186 772	3 776 548
2013	77 414	20 471	77 231	3 140 597	250 644	187 672	3 754 029
2014	78 043	20 662	77 316	3 172 501	248 234	189 095	3 785 851
2015	76 984	20 762	77 373	3 143 244	253 256	192 172	3 763 791

“十二五”期间，“农村环境连片整治”项目在各行政村建设了储粪池，对于农村生产生活及散养畜禽产生的人畜粪便进行收集后发酵，发酵成熟后施用到农田；储粪池对人畜粪便的收集处理效率能够达到60%以上。

经核算，2015年保护区内畜禽散养的污染物排放情况为COD 3 576.9 t、氨氮124.3 t、总氮745.8 t、总磷109.9 t，其中，牛分散养殖所占的污染分担贡献率最高（占39%），其次为猪（占29%），具体占比见图2-6。

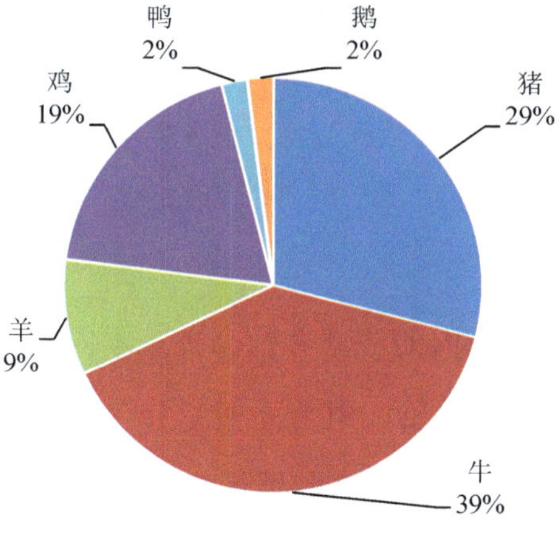

图2-6　2015年分散养殖各种类污染分担贡献率示意图

（4）水产养殖污染

2010年以来，大伙房水库逐步取缔了网箱和围栏养殖。在取缔网箱和围栏养殖前，其每年向库区投放饵料 13 000 t，而这些饵料的实际利用率仅为 80%左右，其余 260 t 饵料就以污染物的形式存在于水体中。取缔了网箱和围栏养殖后，水库充分依托其优良的水质、充沛的水量、丰富的天然饵料等资源优势，从事着开放式淡水渔业生产，水库鱼类全部摄食天然饵料，无须投喂，自然生长。

保护区内其余的水产养殖均采用池塘养殖的方式，养殖面积在 5 400 亩左右，养殖品种有青鱼、草鱼、鲢鱼、鳙鱼、鲤鱼、鲫鱼、鳊鱼、泥鳅、鲶鱼、鳟鱼、池沼公鱼和河蟹。

保护区内池塘养殖及污染物排放具体情况见表 2-11。

表 2-11　2011—2015 年保护区内池塘养殖及污染物排放情况一览表

年份	2011	2012	2013	2014	2015
规模化水产养殖场总数/个	2	2	2	2	2
养殖专业户总户数/户	523	518	512	524	531
养殖总面积/亩	5 385	5 400	5 340	5 430	5 490
养殖增量/t	5 472.2	5 449.2	4 824.4	4 911.8	4 980.3
COD/t	92.4	91.4	80.0	81.3	87.9
总氮/t	13.4	13.1	11.3	11.5	12.1
总磷/t	1.8	1.7	1.5	1.5	1.5
铜/kg	-4.3	-4.5	-3.7	-3.7	-3.9
锌/kg	19.7	18.3	17.7	17.3	40.5

由表 2-11 可知，保护区内的池塘养殖品种基本固定、养殖量变化不大，因此池塘养殖的污染物排放趋势不明显。由于“十二五”期间，大伙房水库库区取缔了网箱和围栏养殖，直接进入库区的水产养殖污染物量大幅度下降。

（5）水土流失污染

保护区范围内的平均土壤侵蚀模数为 110.21 t/（$km^2 \cdot a$），年水土流失量为

630 758.02 t，大部分地区土壤侵蚀模数小于 50 t /（km^2·a），总体上水土保持良好。不同用地类型上，土壤侵蚀强度从大到小依次为旱地＞水田＞中覆盖度草地＞高覆盖度草地＞其他建设用地＞滩涂＞农村居民点＞其他林地＞疏林地＞灌木林。

总体上，农田的土壤侵蚀较草地严重，而草地又较林地严重。不同坡度等级中，0～3°的土壤侵蚀强度最强，25°以上的土壤侵蚀强度最弱。各种土壤类型中，水稻土的侵蚀强度最重，暗棕壤最轻。

其中，保护区内轻度及以上的土壤侵蚀量为 544 799.44t；土壤养分有机质、总磷的丰缺程度为丰富，总氮的丰缺程度为较丰富；经核算，土壤流失造成的总氮流失量为 817.2 t/a、总磷为 544.8 t/a。

2.3　点源污染负荷量统计

保护区内点源污染主要有工业点源、城镇生活源、规模化畜禽养殖三类，经统计，2015 年各点源的污染物排放量具体见表 2-12。

表 2-12　2015 年保护区内各点源污染物排放情况一览表　　单位：t

序号	单元类型	COD		氨氮		总氮		总磷	
		排放量	入河量	排放量	入河量	排放量	入河量	排放量	入河量
1	工业点源	49.2	49.2	4.4	4.4	—	—	—	—
2	城镇生活源	1 077.6	862.1	139.5	111.6	215.2	172.2	11.6	9.3
3	规模化畜禽养殖	2 150.1	1 290.1	62.2	37.3	373.0	223.8	75.4	45.2
4	合计	3 276.9	2 201.4	206.1	153.3	588.2	396.0	87.0	54.5

由表 2-12 的统计结果可知，保护区内点源污染 2015 年排放量为 COD 3 276.9 t、氨氮 206.1 t、总氮 588.2 t、总磷 87.0 t。从点源污染负荷量的贡献率来看，规模化畜禽养殖 COD、总氮、总磷的贡献值占比最大，分别达到 65.6%、63.4%和 86.7%；城镇生活源氨氮的贡献值占比最大，达到了 67.7%。

经核算，2015 年保护区点源污染入河总量为 COD 2 201.4 t、氨氮 153.3 t、总氮

396.0 t、总磷 54.5 t，其中规模化畜禽养殖 COD、总氮、总磷的入河贡献值占比最大，分别达到 58.6%、56.5%和 82.9%；城镇生活源氨氮的入河贡献值占比最大，达到了 72.8%；具体占比示意见图 2-7～图 2-10。

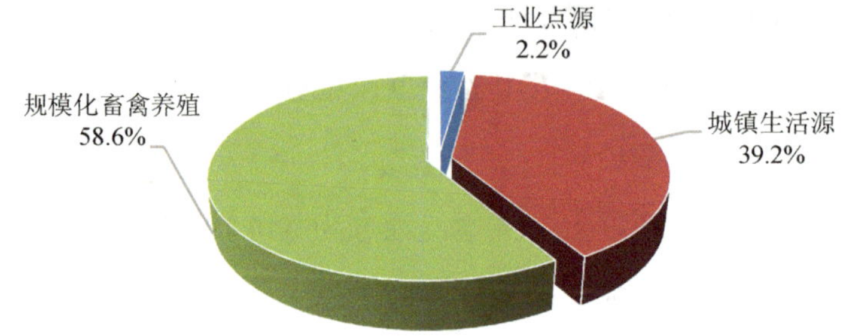

图 2-7　2015 年保护区点源入河负荷量 COD 贡献率分布图

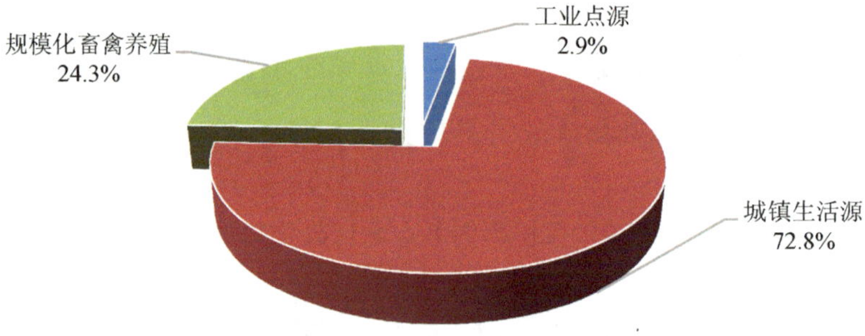

图 2-8　2015 年保护区点源入河负荷量氨氮贡献率分布图

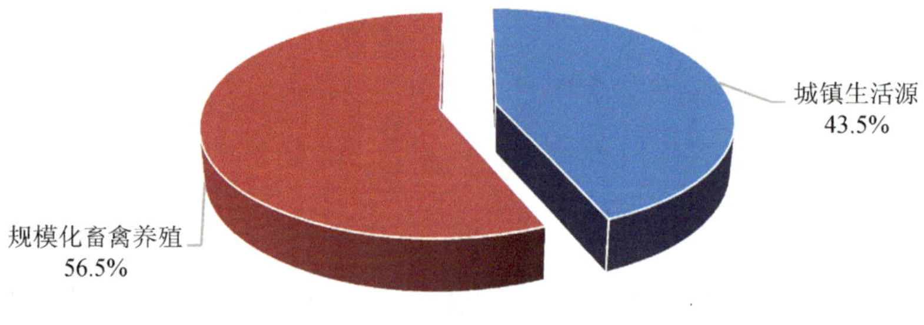

图 2-9　2015 年保护区点源入河负荷量总氮贡献率分布图

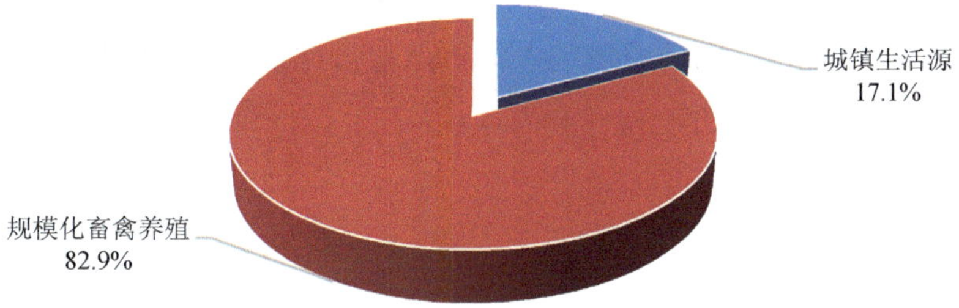

图 2-10 2015 年保护区点源入河负荷量总磷贡献率分布图

2.4 面源污染负荷量统计

保护区内面源污染主要有农村生活、种植业、畜禽散养和水产养殖 4 类，经统计，2015 年各面源的污染物排放量具体见表 2-13。

表 2-13 2015 年保护区内面源污染物排放情况一览表 单位：t

序号	单元类型	COD		氨氮		总氮		总磷	
		排放量	入河量	排放量	入河量	排放量	入河量	排放量	入河量
1	农村生活	1 244.1	186.6	276.5	41.5	414.7	62.2	20.7	3.1
2	种植业	—	—	50.7	50.7	304.4	304.4	13.1	13.1
3	畜禽散养	3 576.9	1 251.9	124.3	43.5	745.8	261.0	109.9	38.5
4	水产养殖	87.9	87.9	—	—	12.1	12.1	1.5	1.5
5	合计	4 908.9	1 526.4	451.5	135.7	1 477.0	639.7	145.2	56.2

由表 2-13 的统计结果可知，2015 年保护区内面源污染排放量为 COD 4 908.9 t、氨氮 451.5 t、总氮 1 477.0 t、总磷 145.2 t。从面源污染负荷量的贡献率来看，畜禽散养 COD、总氮、总磷的贡献值占比最大，分别达到 72.9%、50.5%和 75.7%；农村生活氨氮的贡献值占比最大，达到了 61.2%。

经核算，2015 年保护区面源污染入河总量为 COD 1 526.4 t、氨氮 135.7 t、总氮

639.7 t、总磷 56.2 t，其中畜禽散养的 COD、总磷的入河贡献值占比最大，分别达到 82.0%、68.5%；种植业氨氮、总氮的入河贡献值占比最大，分别达到 37.4%、47.6%；具体占比示意见图 2-11～图 2-14。

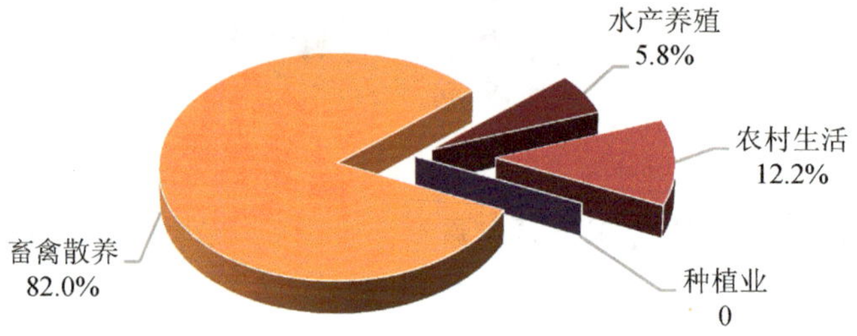

图 2-11　2015 年保护区面源入河负荷量 COD 贡献率分布图

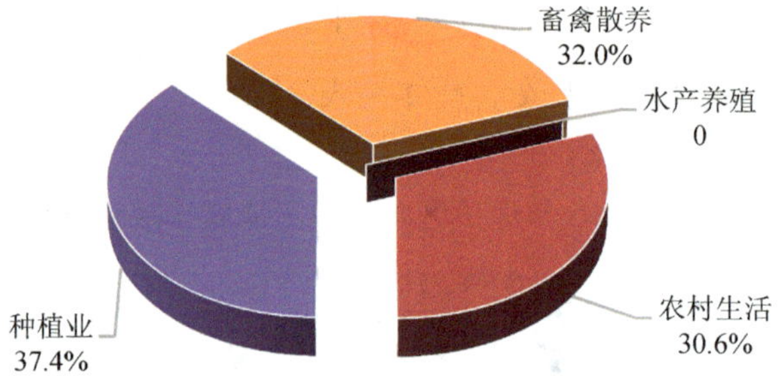

图 2-12　2015 年保护区面源入河负荷量氨氮贡献率分布图

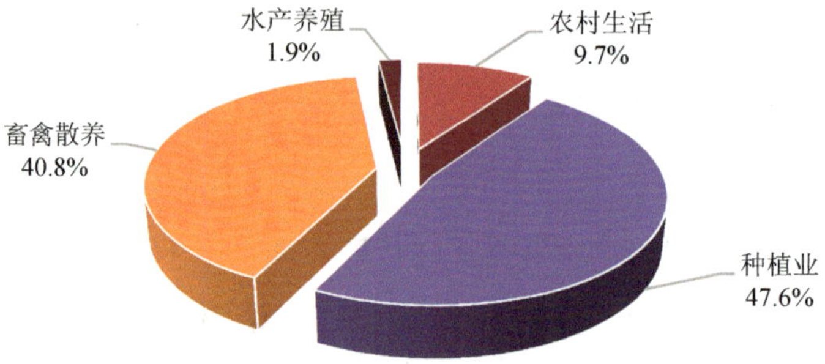

图 2-13　2015 年保护区面源入河负荷量总氮贡献率分布图

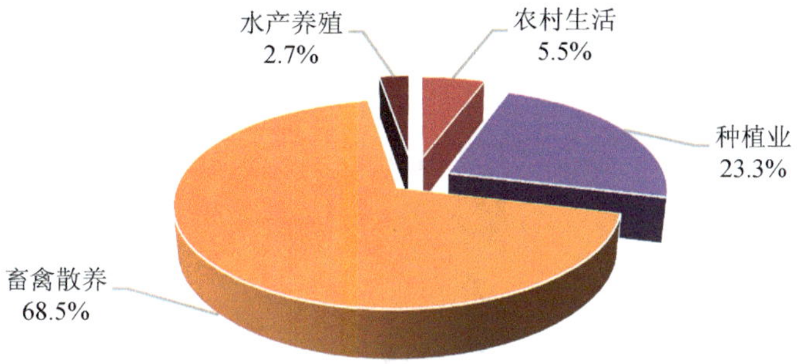

图 2-14　2015 年保护区面源入河负荷量总磷贡献率分布图

2.5　污染负荷变化趋势

2.5.1　点源污染

对比 2011 年和 2015 年，保护区点源污染物的入河排放量具体情况见图 2-15～图 2-18 及表 2-14。

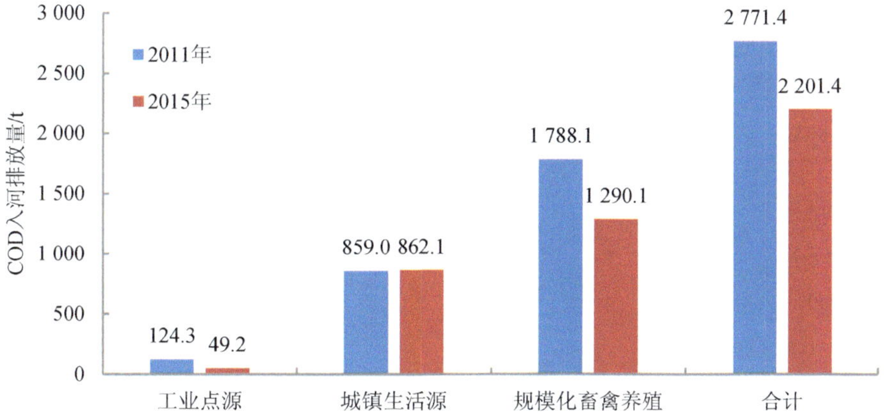

图 2-15　“十二五”期间保护区点源 COD 入河排放量变化情况图

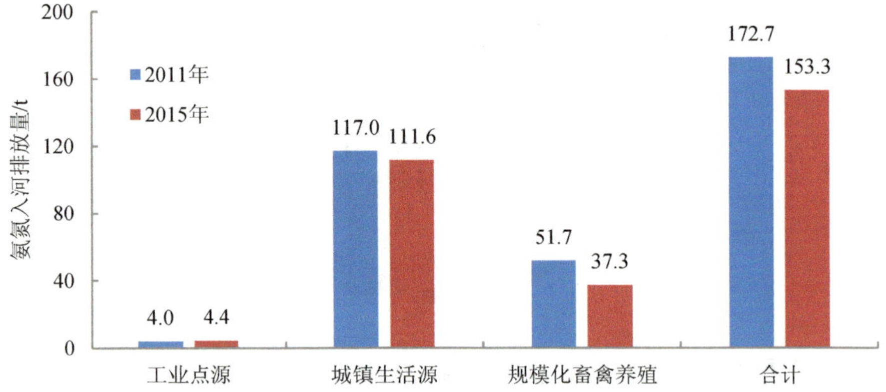

图 2-16 “十二五”期间保护区点源氨氮入河排放量变化情况图

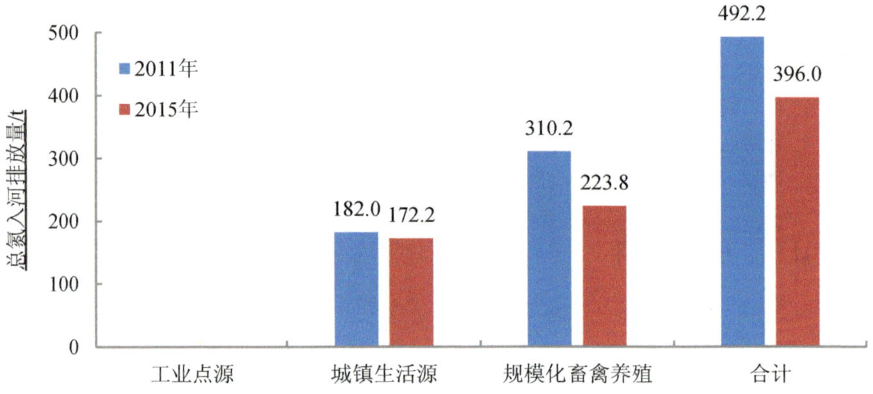

图 2-17 “十二五”期间保护区点源总氮入河排放量变化情况图

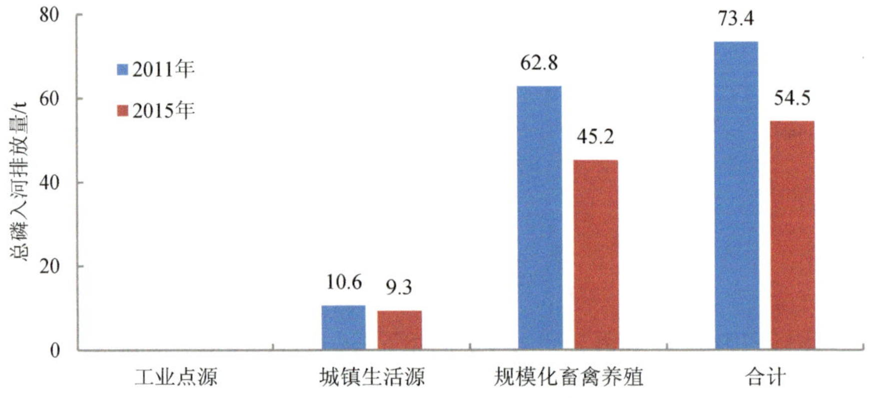

图 2-18 “十二五”期间保护区点源总磷入河排放量变化情况图

表 2-14 “十二五”期间保护区点源污染物入河排放量变化情况一览表 单位：t

序号	单元类型	COD		氨氮		总氮		总磷	
		2011 年	2015 年	2011 年	2015 年	2011 年	2015 年	2011 年	2015 年
1	工业点源	124.3	49.2	4.0	4.4	—	—	—	—
2	城镇生活源	859.0	862.1	117.0	111.6	182.0	172.2	10.6	9.3
3	规模化畜禽养殖	1 788.1	1 290.1	51.7	37.3	310.2	223.8	62.8	45.2
4	合计	2 771.4	2 201.4	172.7	153.3	492.2	396.0	73.4	54.5

由表中的数据对比情况可知：

①一方面，由于 2013 年对保护区内的工矿企业进行了整治，关闭了部分整改后仍无法满足产业政策和环保要求的工矿企业，且对整改工矿企业的废水进行了治理，经过处理后的废水能够全部回用不外排，实现了废水的“零”排放；另一方面，部分工业企业的废水经预处理后达标排入城镇污水处理厂进一步处理。以上措施的实施，使得保护区内的点源废水排放大幅度降低，COD 入河年排放量削减了 75.1 t。

②“十二五”期间对红透山镇、清原镇、南杂木镇、新宾镇、永陵镇、后安镇 6 座污水处理厂实施了提标改造，并扩大了其污水收水区域，使得保护区内城镇生活污水及污染物的单位排放量（t/人）逐年下降，但由于城镇人口数的增加，城镇污水及 COD 的年排放量略有增加。另外，“十二五”期间按照汇水区适度集中、就近收集，以及工艺上选择运行费用低、维护简便的一体化设备的总体原则，对红升乡、南口前镇、草市镇、南山城镇等 9 个乡镇以及政府、医院、学校、居民集中区等重点区域建设了污水处理设施，实现了乡镇污水处理的全覆盖。以上工程均已在 2015 年年底前建设完成、验收完毕，由于部分工程污水收集及运行调试、管理、费用等实际问题，2016 年处于间歇运行状态。乡镇污水处理系统的全面运行将进一步降低城镇生活源的废水污染物排放。

③2015 年，一级保护区内的 15 家规模化养殖场（小区）、养殖专业户全部搬迁完毕；准保护区内的 88 家规模化养殖场（小区）、养殖专业户按照“一场一策”的

原则，由所在地县（区）政府分年度组织实施粪便污水治理，实现达标排放。以上措施的实施，大幅度降低了规模化畜禽养殖的污染物排放量，COD 入河年排放量削减了 498.0 t。规模化畜禽养殖是保护区内点源污染负荷贡献率最高的，保护区计划分段继续完成准保护区内 238 家规模化养殖场（小区）、养殖专业户的粪便污水治理工作，进一步降低规模化畜禽养殖的污染物排放。

由以上分析可知，保护区点源污染中规模化畜禽养殖的污染负荷贡献率最高；保护区内工业点源治理工作基本完成，规模化畜禽养殖、城镇生活源的治理工作正在分步有序实施，并已见成效。“十二五”期间，点源排放的污染物入河总量总体呈明显下降趋势，其中，COD 下降 570.1 t、氨氮下降 19.5 t、总氮下降 96.2 t、总磷下降 18.9 t。

2.5.2 面源污染

对比 2011 年和 2015 年，保护区面源污染物的入河排放量具体情况见图 2-19～图 2-22 及表 2-15。

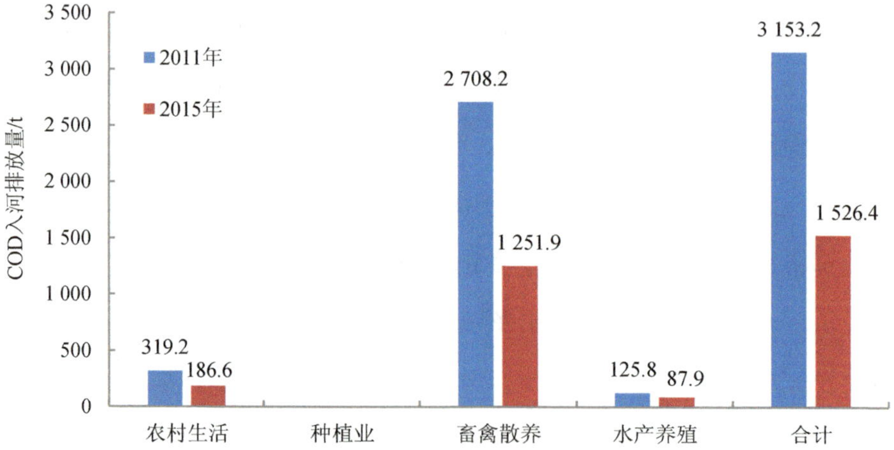

图 2-19 “十二五”期间保护区面源 COD 入河排放量变化情况图

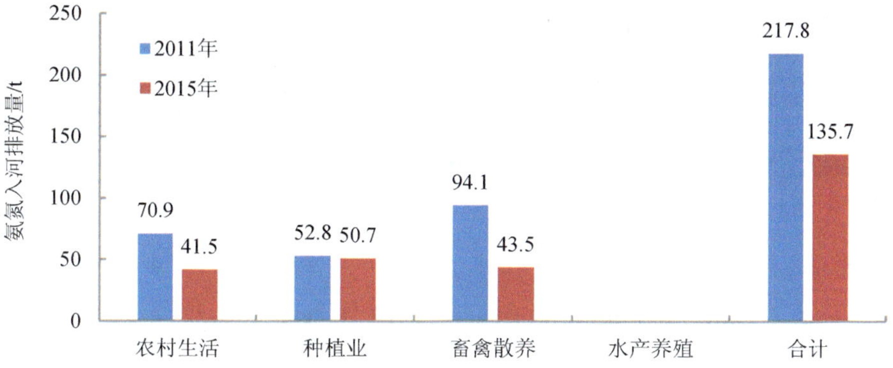

图 2-20 “十二五”期间保护区面源氨氮入河排放量变化情况图

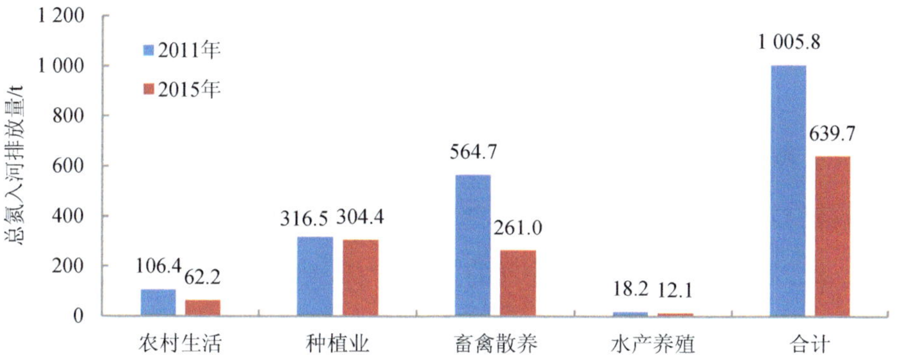

图 2-21 “十二五”期间保护区面源总氮入河排放量变化情况图

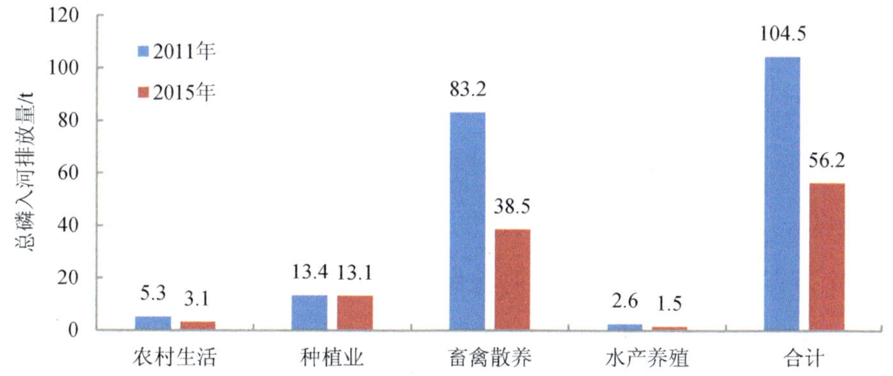

图 2-22 “十二五”期间保护区面源总磷入河排放量变化情况图

表 2-15 “十二五”期间保护区面源污染物入河排放量变化情况一览表 单位：t

序号	单元类型	COD		氨氮		总氮		总磷	
		2011 年	2015 年	2011 年	2015 年	2011 年	2015 年	2011 年	2015 年
1	农村生活	319.2	186.6	70.9	41.5	106.4	62.2	5.3	3.1
2	种植业	—	—	52.8	50.7	316.5	304.4	13.4	13.1
3	畜禽散养	2 708.2	1 251.9	94.1	43.5	564.7	261.0	83.2	38.5
4	水产养殖	125.8	87.9	—	—	18.2	12.1	2.6	1.5
5	合计	3 153.2	1 526.4	217.8	135.7	1 005.8	639.7	104.5	56.2

由表中的数据对比情况可知：

①“十二五”期间，保护区内持续开展了“农村环境连片整治”项目，项目涵盖饮用水水源保护、生活污水处理、生活垃圾处理、畜禽养殖污染治理 4 类。农村污水收集与处理方案为：村庄农户坐落分散的采取修砌排污明渠对生活污水进行收集，流入氧化塘进行净化处理的方式；农户坐落相对集中的采取铺设收集管网对生活污水进行收集，流入小型污水处理站进行净化处理的方式。农村生活垃圾处理是按照“村收集—乡（镇）转运—县处理”的思路，在各行政村设置生活垃圾箱（桶）、垃圾存放点、垃圾清运车和垃圾发酵池，保证农村垃圾得到有效收集处理。以上措施有效改善了农村环境“脏、乱、差”的现象，降低了农村生活污水及污染物的入河量，经估算降低了入河污染物量，其中，COD 132.6 t、氨氮 29.4 t、总氮 44.2 t、总磷 2.2 t。

②“十二五”期间，保护区内土地种植面积和种植结构基本没有发生变化。2014 年，以抚顺县、清原县、新宾县和东洲区“三县一区”政府为实施主体，对一级保护区内 3.77 万亩耕地全部退耕，同时在保护区内大力发展有机农业。以上措施有效降低了农业耕种带来的化肥、农药流失污染，削减入河污染物量，其中，氨氮 2.1 t、总氮 12.1 t、总磷 0.3 t。

③“十二五”期间，“农村环境连片整治”项目在各行政村建设了储粪池，对于

农村生产生活及散养畜禽产生的人畜粪便进行收集后发酵，发酵成熟后施用到农田。该措施有效改善了农村环境“脏、乱、差”的现象，降低了畜禽散养污水及污染物的入河量，经估算降低了入河污染物量，其中，COD 1 456.3 t、氨氮 50.6 t、总氮 303.7 t、总磷 44.7 t。

④“十二五”期间，大伙房水库库区取缔了网箱和围栏养殖，直接降低了进入库区的水产养殖污染物量，其中，COD 37.9 t、总氮 6.1 t、总磷 1.1 t。

由以上分析可知，保护区面源污染中畜禽散养的污染负荷贡献率最高；农村生活、畜禽散养源的治理工作已经全面开展，效果显著，有机种植业的推广工作也正在分步有序地实施。“十二五”期间，保护区面源排放的污染物入河总量总体呈明显下降趋势，其中，COD 下降 1 626.8 t、氨氮下降 82.1 t、总氮下降 366.1 t、总磷下降 48.3 t。

2.6 入湖河流水环境现状、变化趋势及原因分析

2.6.1 主要入湖河流水质参数

流入大伙房水库的河流主要有浑河（清原段）、苏子河和社河，3 条河流均设有例行监测断面，2011—2015 年的水质监测数据具体如下。

（1）浑河（清原段）水质监测分析结果

①监测结果

浑河（清原段）共设有 4 个例行监测断面，分别为滚马岭断面、清原上断面、清原下断面和北杂木断面，各断面的水质参数具体如下：

a. 滚马岭断面

滚马岭断面水质功能区类别为 I 类，2011—2015 年水质监测结果见表 2-16。

水质监测结果表明，2011—2015 年浑河（清原段）滚马岭断面的高锰酸盐指数、氨氮年均值有超标现象，其余监测因子年均值均能够达到《地表水环境质量标准》（GB 3838—2002） I 类要求。

表 2-16 浑河（清原段）滚马岭断面水质监测结果一览表 单位：mg/L

监测因子	年均值					Ⅰ类标准
	2011 年	2012 年	2013 年	2014 年	2015 年	
溶解氧	8.25	8.28	8.5	9.0	8.2	≥7.5
电导率/（mS/m）	16.50	22.4	15.9	15.7		—
化学需氧量	9.09	6.67	11	12	7.0	≤15
高锰酸盐指数	**2.22**	**2.96**	**2.1**	2.0	1.5	≤2
生化需氧量	1.33	1.33	1.0	1.0	1.0	≤3
石油类	0.01	0.01	0.007	0.007	0.01	≤0.05
挥发酚	0.001	0.001	0.000 1	0.000 1	0.000 2	≤0.002
氨氮	0.144	**0.203**	**0.217**	0.118	0.105	≤0.15
总磷		0.01	0.01	0.011	0.01	≤0.02
氰化物				0.005		≤0.005
汞	0.000 04					≤0.000 05

注：①pH 一次值为 6～9，铜、铅、锌、镉、砷、硒一次值均未检出；
②空白格为当年未检测或未检出项目；
③加粗数字为超标数据。

b. 清原上断面

清原上断面水质功能区类别为Ⅲ类，2011—2015 年水质监测结果见表 2-17。

表 2-17 浑河（清原段）清原上断面水质监测结果一览表 单位：mg/L

监测因子	年均值					Ⅲ类标准
	2011 年	2012 年	2013 年	2014 年	2015 年	
溶解氧	6.97	7.00	6.7	6.9	6.3	≥5
电导率/（mS/m）	6.97	27.4	24.8	23.7		—
化学需氧量	10.75	6.67	17	17	12.6	≤20
高锰酸盐指数	2.62	3.25	2.5	2.8	2.0	≤6
生化需氧量	2.33	2.00	2.0	2.3	2.3	≤4
石油类	0.02	0.01	0.007	0.01	0.01	≤0.05

监测因子	年均值					III类标准
	2011 年	2012 年	2013 年	2014 年	2015 年	
挥发酚	0.001	0.001 3	0.000 1	0.000 1	0.000 2	≤0.005
氨氮	0.216	0.233	0.300	0.172	0.155	≤1.0
总磷		0.028	0.02	0.064	0.04	≤0.2
氰化物						≤0.2
汞	0.000 04					≤0.000 1

注：①pH 一次值为 6~9，铜、铅、锌、镉、砷、硒一次值均未检出；
②空白格为当年未检测或未检出项目。

水质监测结果表明，2011—2015 年浑河（清原段）清原上断面的各项监测因子年均值均能够达到《地表水环境质量标准》（GB 3838—2002）III类要求。

c. 清原下断面

清原下断面水质功能区类别为III类，2011—2015 年水质监测结果见表 2-18。

表 2-18　浑河（清原段）清原下断面水质监测结果一览表　　单位：mg/L

监测因子	年均值					III类标准
	2011 年	2012 年	2013 年	2014 年	2015 年	
溶解氧	6.49	6.65	6.8	6.9	6.6	≥5
电导率/（mS/m）	6.49	46.3	24.7	24.4		—
化学需氧量	14.51	6.68	19	17	13.6	≤20
高锰酸盐指数	2.6	3.60	2.5	2.8	2.4	≤6
生化需氧量	2.67	2.33	2.0	2.3	2.3	≤4
石油类	0.02	0.01	0.007	0.01	0.01	≤0.05
挥发酚	0.001	0.002 0	0.000 1	0.000 1	0.000 2	≤0.005
氨氮	0.256	0.227	0.307	0.202	0.480	≤1.0
总磷		0.027	0.02	0.042	0.01	≤0.2
氰化物						≤0.2
汞	0.000 05					≤0.000 1

注：①pH 一次值为 6~9，铜、铅、锌、镉、砷、硒一次值均未检出；
②空白格为当年未检测或未检出项目。

水质监测结果表明，2011—2015 年浑河（清原段）清原下断面的各项监测因子年均值均能够达到《地表水环境质量标准》（GB 3838—2002）III类要求。

d. 北杂木断面

北杂木断面水质功能区类别为 II 类，2011—2015 年水质监测结果见表 2-19。

表 2-19　浑河（清原段）北杂木断面水质监测结果一览表　　单位：mg/L

监测因子	年均值					II 类标准
	2011 年	2012 年	2013 年	2014 年	2015 年	
溶解氧	9.80	10.16	10.6	10.6	10.2	≥6
电导率/（mS/m）	31.63	29.6	27.5	32.2	34.6	—
化学需氧量	5.00	7.19	6	9	8.7	≤15
高锰酸盐指数	2.49	2.68	2.9	2.4	2.3	≤4
生化需氧量	1.81	1.92	1.7	1.6	2.0	≤3
石油类	0.01	0.02	0.037	0.03	0.04	≤0.05
挥发酚	0.001	0.001 0	0.001 0	0.001 3	0.000 9	≤0.002
氨氮	0.035	0.171	0.215	0.042	0.057	≤0.5
总磷	0.04	0.044	0.06	0.07	0.07	≤0.1
铅	0.005	0.005	0.005	0.006	0.005	≤0.01
汞	0.000 03	0.000 02	0.000 02	0.000 02	0.000 02	≤0.000 05
铜	0.005	0.005	0.008	0.008	0.005	≤1.0
锌	0.025	0.021	0.03	0.025	0.025	≤1.0
六价铬	0.009	0.006	0.008	0.003	0.002	≤0.05
氰化物	0.004	0.002	0.002	0.002	0.002	≤0.05
硫化物	0.003	0.019	0.017	0.019	0.013	≤0.1
氟化物	0.158	0.15	0.15	0.20	0.21	≤1.0
阴离子表面活性剂	0.083	0.08	0.11	0.04	0.05	≤0.2

注：　pH 一次值为 6～9。

水质监测结果表明，浑河（清原段）北杂木断面的各项监测因子年均值均能够达到《地表水环境质量标准》（GB 3838—2002）II 类要求。

②水质变化趋势

2011—2015 年，浑河（清原段）各断面化学需氧量、生化需氧量、氨氮、总磷的质量浓度变化趋势情况见图 2-23～图 2-26。

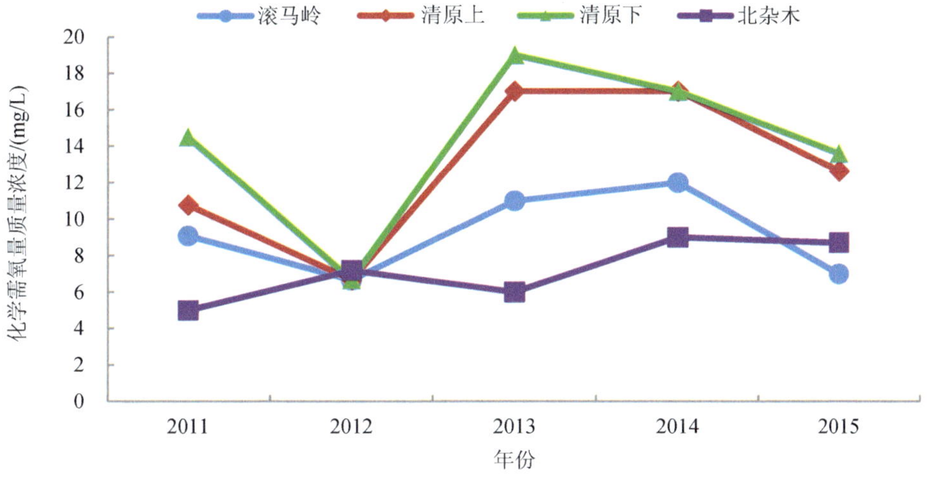

图 2-23 浑河（清原段）各断面化学需氧量质量浓度变化趋势图

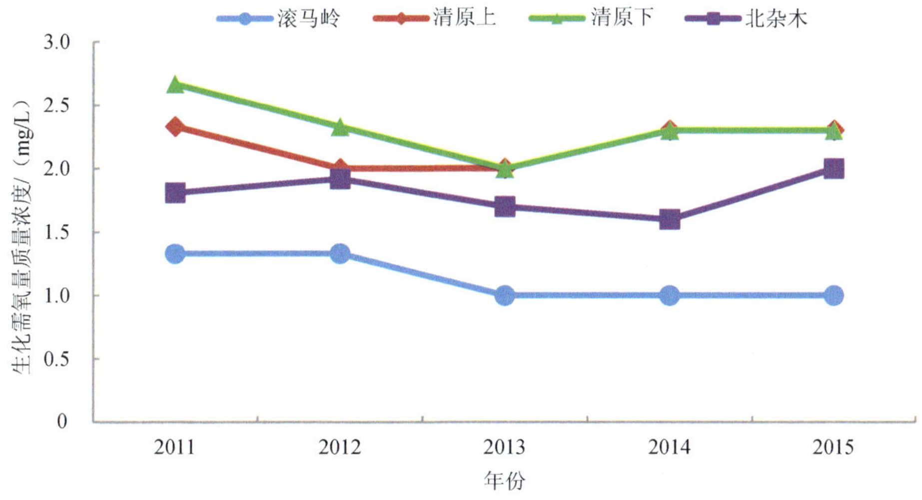

图 2-24 浑河（清原段）各断面生化需氧量质量浓度变化趋势图

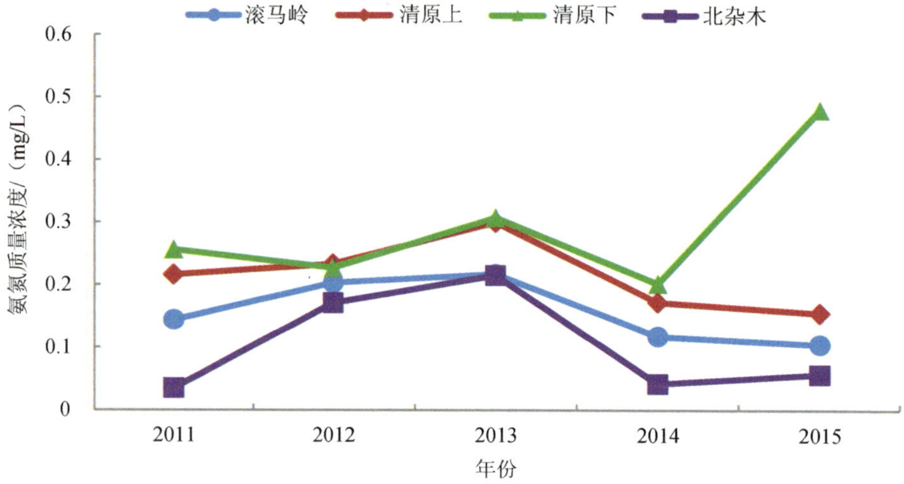

图 2-25　浑河（清原段）各断面氨氮质量浓度变化趋势图

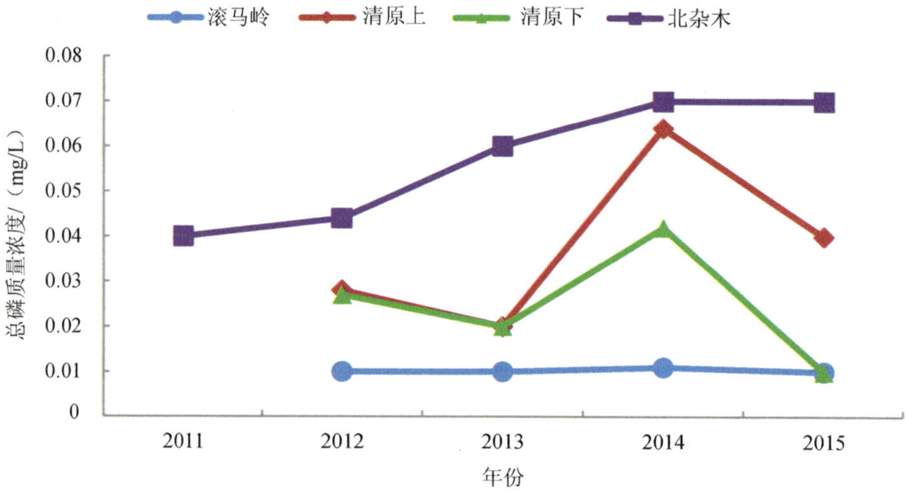

图 2-26　浑河（清原段）各断面总磷质量浓度变化趋势图

由图 2-23～图 2-26 可知：

——除北杂木断面，其他主要断面的化学需氧量质量浓度在 2012 年达到最小值后，2013 年出现了大幅度增加，2014—2015 年化学需氧量质量浓度呈递减趋势，总体控制情况良好；北杂木断面的化学需氧量质量浓度总体变化不明显。

——各断面的生化需氧量质量浓度总体变化不明显。

——主要断面的氨氮质量浓度在 2013 年达到最大值，2014—2015 年氨氮质量浓度呈递减趋势，总体控制情况良好；清原下断面 2015 年氨氮质量浓度出现了大幅度增加现象。

——滚马岭断面总磷质量浓度基本没有变化；清原上、下断面在 2014 年出现了质量浓度最大值后，在 2015 年大幅度回落，总体控制情况良好；北杂木断面总磷质量浓度逐年增加，但 2015 年与 2014 年持平，总体控制情况有效。

（2）苏子河水质监测分析结果

①监测结果

苏子河共设有 5 个例行监测断面，分别为关家断面、红升下断面、新宾下断面、永陵断面和古楼断面，各断面的水质参数具体如下。

a. 关家断面

关家断面水质功能区类别为 I 类，2011—2015 年水质监测结果见表 2-20。

表 2-20 苏子河关家断面水质监测结果一览表 单位：mg/L

监测因子	年均值					I 类标准
	2011 年	2012 年	2013 年	2014 年	2015 年	
溶解氧	**5.90**		**6.6**	8.7	9.4	≥7.5
电导率/（mS/m）	8.47		7.4	9.5		—
化学需氧量	5.43		6	6	6.5	≤15
高锰酸盐指数	**2.08**		**2.6**	2.0	2.0	≤2
生化需氧量	1.96		2.5	**3.2**	2.2	≤3
石油类	0.005		0.005	0.005	0.005	≤0.05
挥发酚	0.001		0.000 1	0.000 1	0.000 2	≤0.002
氨氮	0.069		0.086	0.115	0.119	≤0.15
总磷				0.006	0.01	≤0.02
铅				0.005		≤0.01

注：①pH 一次值为 6～9，锌、镉、汞、砷、硒一次值均未检出；
②空白格为当年未检测或未检出项目；
③加粗数字为超标数据。

水质监测结果表明，2011—2015 年苏子河关家断面的溶解氧、高锰酸盐指数、生化需氧量年均值有超标现象，其余监测因子年均值均能够达到《地表水环境质量标准》（GB 3838—2002）Ⅰ类要求。

b. 红升下断面

红升下断面水质功能区类别为Ⅱ类，2011—2015 年水质监测结果见表 2-21。

表 2-21　苏子河红升下断面水质监测结果一览表　　单位：mg/L

监测因子	年均值					Ⅱ类标准
	2011 年	2012 年	2013 年	2014 年	2015 年	
溶解氧	**5.50**		8.4	10.0	8.8	≥6
电导率/（mS/m）	12.73		12.5	12.3		—
化学需氧量	9.77		11	13	10.7	≤15
高锰酸盐指数	2.82		3.0	2.7	2.3	≤4
生化需氧量	2.54		3.0	2.2	2.0	≤3
石油类	0.005		0.005	0.005	0.005	≤0.05
挥发酚	0.001		0.000 1	0.000 1	0.000 2	≤0.002
氨氮	0.170		0.240	0.201	0.210	≤0.5
总磷				0.006	0.01	≤0.1
铅				0.005		≤0.01

注：①pH 一次值为 6~9，锌、镉、汞、砷、硒一次值均未检出；

②空白格为当年未检测或未检出项目；

③加粗数字为超标数据。

水质监测结果表明，2011—2015 年苏子河红升下断面的溶解氧年均值有超标现象，其余监测因子年均值均能够达到《地表水环境质量标准》（GB 3838—2002）Ⅱ类要求。

c. 新宾下断面

新宾下断面水质功能区类别为Ⅲ类，2011—2015 年水质监测结果见表 2-22。

表 2-22　苏子河新宾下断面水质监测结果一览表　　单位：mg/L

监测因子	年均值					III类标准
	2011 年	2012 年	2013 年	2014 年	2015 年	
溶解氧	**4.87**		7.2	9.8	8.1	≥5
电导率/（mS/m）	14.37		14.8	13.4		—
化学需氧量	9.94		14	16	14.0	≤20
高锰酸盐指数	3.39		3.7	2.9	3.1	≤6
生化需氧量	2.65		2.9	2.7	2.7	≤4
石油类	0.005		0.005	0.005	0.005	≤0.05
挥发酚	0.001		0.000 1	0.000 1	0.000 2	≤0.005
氨氮	0.278		0.395	0.264	0.286	≤1.0
总磷				0.006	0.01	≤0.2
铅				0.005		≤0.05

注：①pH 一次值为 6 ~ 9，锌、镉、汞、砷、硒一次值均未检出；
②空白格为当年未检测或未检出项目；
③加粗数字为超标数据。

水质监测结果表明，2011—2015 年苏子河新宾下断面的溶解氧年均值有超标现象，其余监测因子年均值均能够达到《地表水环境质量标准》（GB 3838—2002）III类要求。

d. 永陵断面

永陵断面水质功能区类别为III类，2011—2015 年水质监测结果见表 2-23。

表 2-23　苏子河永陵断面水质监测结果一览表　　单位：mg/L

监测因子	年均值					III类标准
	2011 年	2012 年	2013 年	2014 年	2015 年	
溶解氧	5.00		7.5	10.3	8.1	≥5
电导率/（mS/m）	13.87		14.6	13.8		—
化学需氧量	12.31		13	19	15.1	≤20

监测因子	年均值					III类标准
	2011 年	2012 年	2013 年	2014 年	2015 年	
高锰酸盐指数	3.45		3.6	2.9	3.2	≤6
生化需氧量	2.62		3.2	2.6	2.9	≤4
石油类	0.005		0.005	0.005	0.005	≤0.05
挥发酚	0.001		0.000 1	0.000 1	0.000 2	≤0.005
氨氮	0.368		0.517	0.370	0.365	≤1.0
总磷				0.006	0.01	≤0.2
铅				0.005		≤0.05

注：①pH 一次值为 6～9，锌、镉、汞、砷、硒一次值均未检出；
②空白格为当年未检测或未检出项目。

水质监测结果表明，苏子河永陵断面的各项监测因子年均值均能够达到《地表水环境质量标准》（GB 3838—2002）III类要求。

e. 古楼断面

古楼断面水质功能区类别为II类，2011—2015 年水质监测结果见表 2-24。

表 2-24　苏子河古楼断面水质监测结果一览表　　单位：mg/L

监测因子	年均值					II 类标准
	2011 年	2012 年	2013 年	2014 年	2015 年	
溶解氧	10.00	10.7	10.5	10.8	10.9	≥6
电导率/（mS/m）	22.63	24.9	24.4	26.3	28.0	—
化学需氧量	5.00	7	6	6	5.4	≤15
高锰酸盐指数	2.16	2.4	3.0	2.2	1.9	≤4
生化需氧量	1.55	1.5	1.2	1.2	1.4	≤3
石油类	0.013	0.02	0.029	0.03	0.04	≤0.05
挥发酚	0.000 7	0.001	0.000 7	0.000 7	0.000 5	≤0.002
氨氮	0.023	0.077	0.107	0.026	0.042	≤0.5
总磷	0.02	0.03	0.05	0.04	0.017	≤0.1
铅	0.005	0.005	0.005	0.005	0.005	≤0.01

监测因子	年均值					Ⅱ类标准
	2011 年	2012 年	2013 年	2014 年	2015 年	
汞	0.000 02	0.000 02	0.000 02	0.000 02	0.000 02	0.000 05
铜	0.008	0.008	0.005	0.008	0.006	1.0
锌	0.025	0.021	0.027	0.025	0.025	1.0
六价铬	0.014	0.007	0.006	0.002	0.002	0.05
氰化物	0.011	0.002	0.002	0.002	0.002	0.05
硫化物	0.003	0.023	0.011	0.011	0.005	0.1
氟化物	0.165	0.19	0.18	0.18	0.26	1.0
阴离子表面活性剂	0.083	0.06	0.09	0.04	0.04	0.2

注： pH 一次值为 6 ~ 9。

水质监测结果表明，苏子河古楼断面的各项监测因子年均值均能够达到《地表水环境质量标准》（GB 3838—2002）Ⅱ类要求。

②水质变化趋势

2011—2015 年，苏子河各断面化学需氧量、生化需氧量、氨氮、总磷的质量浓度变化趋势情况见图 2-27～图 2-30。

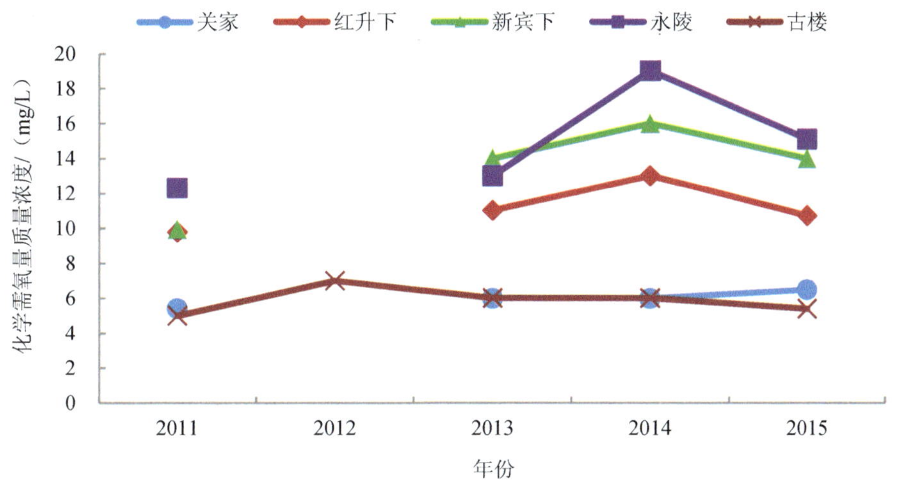

图 2-27　苏子河各断面化学需氧量质量浓度变化趋势图

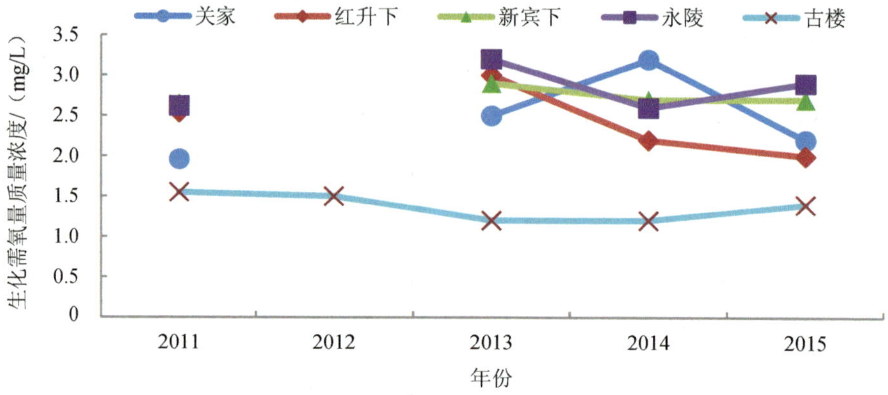

图 2-28 苏子河各断面生化需氧量质量浓度变化趋势图

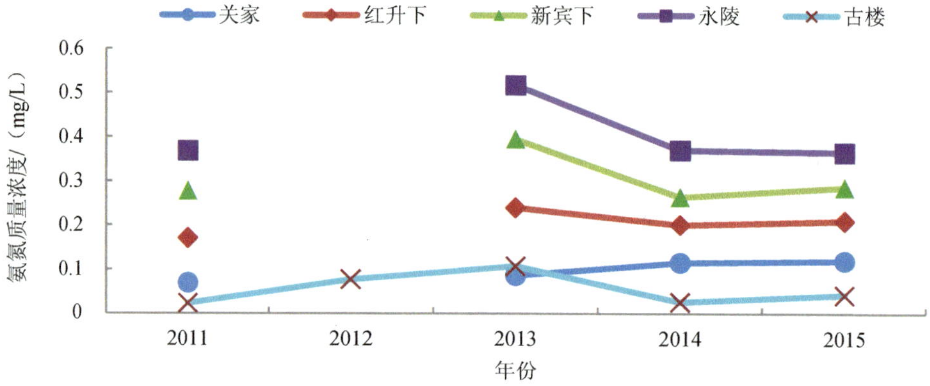

图 2-29 苏子河各断面氨氮质量浓度变化趋势图

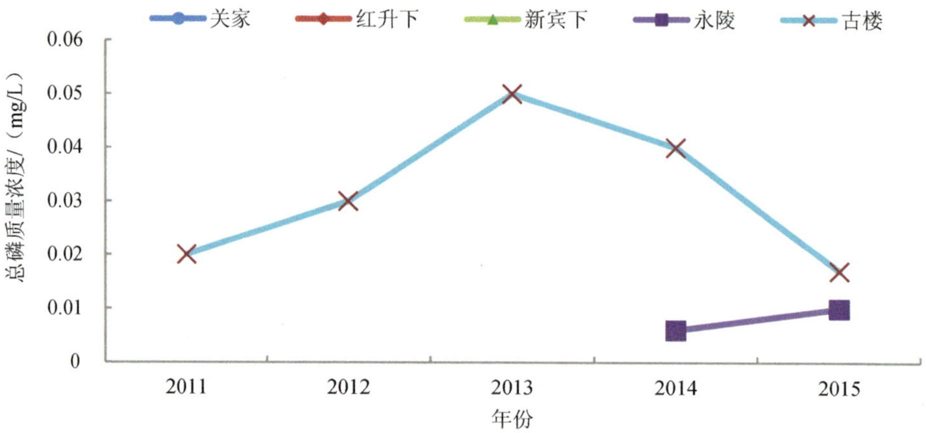

图 2-30 苏子河各断面总磷质量浓度变化趋势图

由图可见：

——除关家外，主要断面化学需氧量质量浓度总体趋势为2014年达到最大值后在2015年有所降低，控制情况良好；入库古楼断面在各监测断面中，化学需氧量的质量浓度值最低，总体呈递减趋势。

——关家断面生化需氧量质量浓度总体趋势为2013—2014年达到最大值后在2015年有所降低，控制情况良好；入库古楼断面在各监测断面中，生化需氧量的质量浓度值最低，在2013—2014年达到最小值后，2015年有所上升，但上升幅度较小，总体控制情况良好。

——除关家外，上游主要断面氨氮质量浓度总体趋势为 2013 年达到最大值，2014—2015 年氨氮质量浓度呈递减趋势，控制情况良好；部分断面 2015 年氨氮质量浓度较 2014 年有所上升，但上升幅度较小，总体控制情况良好。

——古楼断面的总磷质量浓度在 2013 年达到最大值后，2014—2015 年总磷呈递减趋势，总体控制情况良好。

（3）社河水质监测分析结果

①监测结果

社河共设有 4 个例行监测断面，分别为鸽子洞断面、郑家断面、南章党断面和台沟断面，各断面的水质参数具体如下。

a. 鸽子洞断面

鸽子洞断面水质功能区类别为 I 类，2011—2015 年水质监测结果见表 2-25。

表 2-25 社河鸽子洞断面水质监测结果一览表 单位：mg/L

监测因子	年均值					I 类标准
	2011 年	2012 年	2013 年	2014 年	2015 年	
溶解氧	11.00	10.27	9.3	9.5	9.6	≥7.5
电导率/（mS/m）	4.62	7.6	8.7	8.1		—
化学需氧量	5.00	5.00	5	5	5.0	≤15
高锰酸盐指数	**2.34**	**2.01**	1.6	1.2	2.0	≤2
生化需氧量	1.40	2.40	2.4	2.2	2.2	≤3

监测因子	年均值					Ⅰ类标准
	2011 年	2012 年	2013 年	2014 年	2015 年	
石油类	0.012	0.01	0.005	0.005	0.005	≤0.05
挥发酚	0.001	0.001 0	0.000 1	0.000 1	0.000 2	≤0.002
氨氮	0.050	0.027	0.063	0.027	0.127	≤0.15
总磷	0.01	**0.031**	0.02	0.018	0.012	≤0.02
铅				0.005		≤0.01

注：①pH 一次值为 6～9，锌、镉、汞、砷、硒一次值均未检出；

②空白格为当年未检测或未检出项目；

③加粗数字为超标数据。

水质监测结果表明，2011—2015 年社河鸽子洞断面的高锰酸盐指数、总磷年均值有超标现象，其余监测因子年均值均能够达到《地表水环境质量标准》（GB 3838—2002）Ⅰ类要求。

b. 郑家断面

郑家断面水质功能区类别为Ⅱ类，2011—2015 年水质监测结果见表 2-26。

表 2-26　社河郑家断面水质监测结果一览表　　单位：mg/L

监测因子	年均值					Ⅱ类标准
	2011 年	2012 年	2013 年	2014 年	2015 年	
溶解氧	10.00	10.53	9.6	9.7	9.9	≥6
电导率/（mS/m）	6.50	10.6	12.2	10.9		—
化学需氧量	5.00	7.10	7	8	5.0	≤15
高锰酸盐指数	2.58	1.88	1.7	1.4	1.9	≤4
生化需氧量	1.60	2.33	1.7	2.5	2.2	≤3
石油类	0.018	0.01	0.005	0.010	0.005	≤0.05
挥发酚	0.001	0.001 0	0.000 1	0.000 1	0.000 2	≤0.002
氨氮	0.073	0.033	0.057	0.083	0.063	≤0.5
总磷	0.03	0.026	0.02	0.03	0.016	≤0.1
铅				0.005		≤0.01

注：①pH 一次值为 6～9，锌、镉、汞、砷、硒一次值均未检出；

②空白格为当年未检测或未检出项目。

水质监测结果表明，社河郑家断面的各项监测因子年均值均能够达到《地表水环境质量标准》（GB 3838—2002）II类要求。

c. 南章党断面

南章党断面水质功能区类别为II类，2011—2015 年水质监测结果见表 2-27。

表 2-27 社河南章党断面水质监测结果一览表 单位：mg/L

监测因子	年均值					II类标准
	2011 年	2012 年	2013 年	2014 年	2015 年	
溶解氧	10.43	10.53	9.7	9.7	10.1	≥6
电导率/（mS/m）	10.44	19.1	20.1	20.5		—
化学需氧量	5.00	8.65	5	9	5.0	≤15
高锰酸盐指数	1.86	2.17	1.6	1.5	1.7	≤4
生化需氧量	1.67	2.20	2.2	2.2	2.5	≤3
石油类	0.018	0.02	0.005	0.007	0.005	≤0.05
挥发酚	0.001	0.001 0	0.000 1	0.000 1	0.000 2	≤0.002
氨氮	0.047	0.176	0.047	0.223	0.103	≤0.5
总磷	0.02	0.088	0.03	0.03	0.021	≤0.1
铅				0.005		≤0.01

注：①pH 一次值为 6~9，锌、镉、汞、砷、硒一次值均未检出；
②空白格为当年未检测或未检出项目。

水质监测结果表明，社河南章党断面的各项监测因子年均值均能够达到《地表水环境质量标准》（GB 3838—2002）II类要求。

d. 台沟断面

台沟断面水质功能区类别为II类，2011—2015 年水质监测结果见表 2-28。

水质监测结果表明，社河台沟断面的各项监测因子年均值均能够达到《地表水环境质量标准》（GB 3838—2002）II类要求。

表 2-28　社河台沟断面水质监测结果一览表　　单位：mg/L

监测因子	年均值					Ⅱ类标准
	2011 年	2012 年	2013 年	2014 年	2015 年	
溶解氧	9.8	10.6	10.9	10.9	10.6	≥6
电导率/（mS/m）	28.5	23.1	22.9	23.7	26.0	—
化学需氧量	5	6	5	7	5	≤15
高锰酸盐指数	2.3	2.2	2	1.8	1.6	≤4
生化需氧量	1.0	1.6	1.5	1.3	1.0	≤3
石油类	0.01	0.02	0.04	0.03	0.04	≤0.05
挥发酚	0.000 7	0.001 1	0.000 7	0.000 6	0.000 5	≤0.002
氨氮	0.027	0.052	0.171	0.023	0.039	≤0.5
总磷	0.01	0.03	0.05	0.04	0.02	≤0.1
铅	0.005	0.005	0.005	0.005	0.005	≤0.01
汞	0.000 03	0.000 02	0.000 02	0.000 02	0.000 02	≤0.000 05
铜	0.005	0.005	0.005	0.007	0.005	≤1.0
锌	0.025	0.021	0.03	0.025	0.025	≤1.0
六价铬	0.006	0.007	0.007	0.003	0.002	≤0.05
氰化物	0.002	0.002	0.003	0.002	0.002	≤0.05
硫化物	0.003	0.021	0.009	0.01	0.006	≤0.1
氟化物	0.17	0.22	0.18	0.17	0.24	≤1.0
阴离子表面活性剂	0.08	0.08	0.08	0.05	0.03	≤0.2

注：pH 一次值为 6 ~ 9。

②水质变化趋势

2011—2015 年，社河各断面化学需氧量、生化需氧量、氨氮、总磷的质量浓度变化趋势情况见图 2-31～图 2-34。

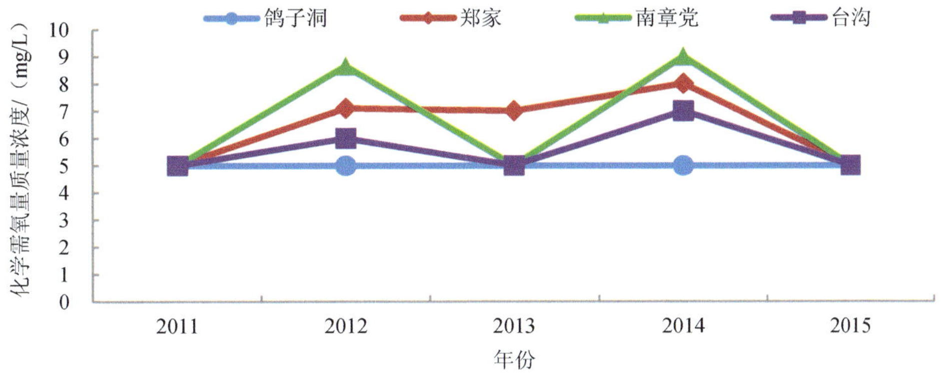

图 2-31 社河各断面化学需氧量质量浓度变化趋势图

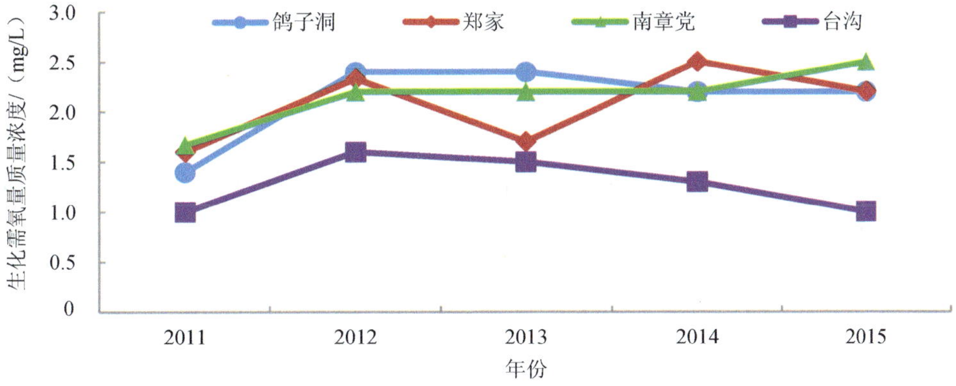

图 2-32 社河各断面生化需氧量质量浓度变化趋势图

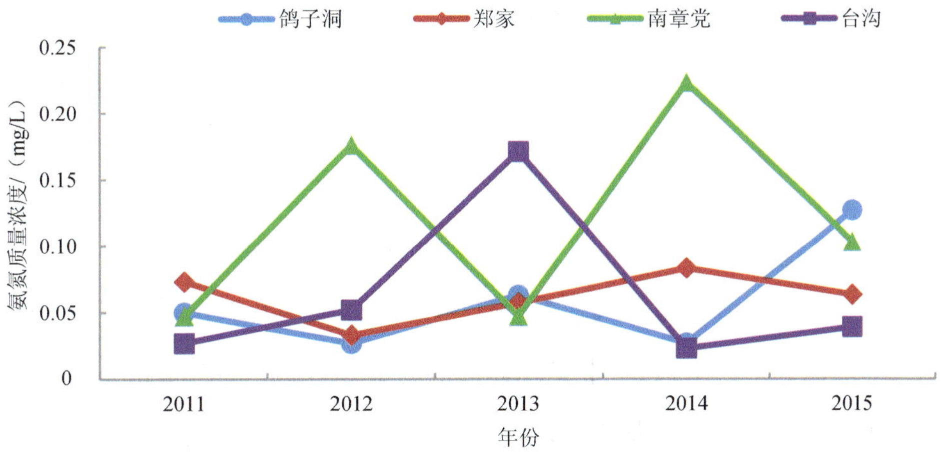

图 2-33 社河各断面氨氮质量浓度变化趋势图

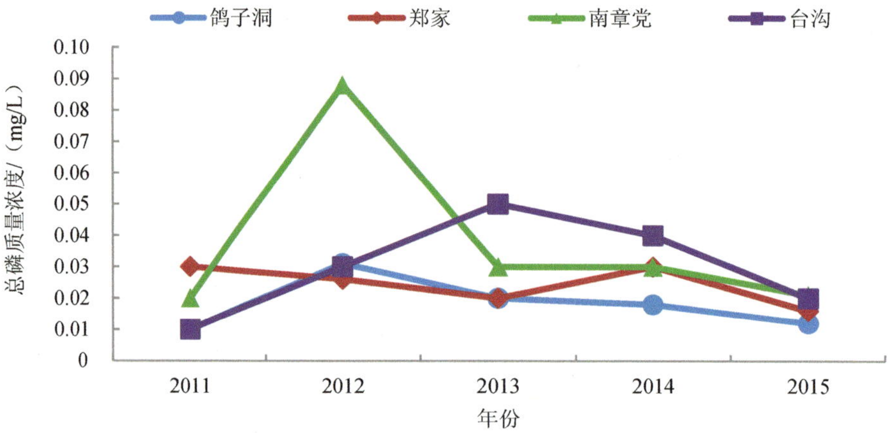

图 2-34　社河各断面总磷质量浓度变化趋势图

由图可知：

——鸽子洞断面化学需氧量质量浓度没有变化；其他断面的化学需氧量质量浓度波动较明显，上下震荡，且在 2015 年出现了大幅度下降趋势，总体控制情况良好。

——各断面生化需氧量质量浓度总体波动不大，入库台沟断面在 2012 年达到最大值后有所降低，总体控制情况良好。

——各断面氨氮质量浓度波动幅度较大，无明显趋势；2015 年与 2014 年数据相比较，郑家、南章党断面氨氮质量浓度有所回落，鸽子洞、台沟断面氨氮质量浓度有所上升；入库台沟断面氨氮质量浓度 2015 年上升幅度较小，总体控制情况有效。

——郑家断面总磷质量浓度基本没有变化；其余断面总磷质量浓度在 2012 年或 2013 年出现最大值后，在 2014—2015 年呈现递减趋势，总体控制情况良好。

2.6.2　主要入湖河流水文参数

浑河（清原段）北杂木断面、苏子河古楼断面、社河台沟断面在进行水质例行监测的同时，进行了断面的流量监测。2011—2015 年监测数据表明各断面的流量波动较大，其中：浑河（清原段）北杂木断面的流量为 3.36～137.88 m^3/s，流量最小值出现在 2015 年 6 月、流量最大值出现在 2015 年 8 月；苏子河古楼断面的流量为 2.84～175.48 m^3/s，流量最小值出现在 2015 年 6 月、流量最大值出现在 2015 年 8

月；社河台沟断面的流量为 0.85～68.80 m^3/s，流量最小值出现在 2014 年 8 月、流量最大值出现在 2015 年 8 月。

3 个断面的流量逐月监测数据具体见表 2-29～表 2-31。

表 2-29　浑河（清原段）北杂木断面流量监测结果一览表

2011 年		2012 年		2013 年		2014 年		2015 年	
监测时间/（月-日）	流量/（m^3/s）	监测时间/（月-日）	流量/（m^3/s）	监测时间/（月-日）	流量/（m^3/s）	监测时间/（月-日）	流量/（m^3/s）	监测时间/（月-日）	流量/（m^3/s）
1-4	结冰	1-4	结冰	1-4	结冰	1-2	结冰	1-5	结冰
2-1	结冰	2-1	结冰	2-1	结冰	2-8	结冰	2-2	结冰
3-1	结冰	3-1	结冰	3-4	结冰	3-3	结冰	3-3	结冰
4-1	11.58	4-5	32.48	4-3	30.13	4-1	52.88	4-2	30.38
5-4	38.56	5-2	65.39	5-2	78.97	5-4	10.48	5-5	6.24
6-1	3.69	6-4	38.63	6-3	15.38	6-3	8.14	6-2	3.36
7-6	16.28	7-2	58.13	7-3	57.86	7-2	72.79	7-3	19.58
8-2	17.25	8-1	19.66	8-1	65.59	8-4	6.22	8-3	137.88
9-2	75.55	9-1	135.48	9-2	51.37	9-1	15.76	9-1	46.98
10-9	12.29	10-11	18.73	10-9	9.53	10-8	45.25	10-8	43.76
11-1	7.43	11-5	25.40	11-5	29.78	11-3	21.19	11-2	6.79
12-1	结冰	12-5	16.28	12-2	—	12-3	结冰	12-1	—

表 2-30　苏子河古楼断面流量监测结果一览表

2011 年		2012 年		2013 年		2014 年		2015 年	
监测时间/（月-日）	流量/（m^3/s）	监测时间/（月-日）	流量/（m^3/s）	监测时间/（月-日）	流量/（m^3/s）	监测时间/（月-日）	流量/（m^3/s）	监测时间/（月-日）	流量/（m^3/s）
1-4	结冰	1-4	结冰	1-4	结冰	1-2	结冰	1-5	结冰
2-1	结冰	2-1	结冰	2-1	结冰	2-7	结冰	2-2	结冰
3-1	结冰	3-1	结冰	3-4	结冰	3-3	结冰	3-2	结冰
4-1	10.69	4-5	29.58	4-2	23.66	4-1	48.37	4-1	27.58

2011 年		2012 年		2013 年		2014 年		2015 年	
监测时间/（月-日）	流量/（m^3/s）	监测时间/（月-日）	流量/（m^3/s）	监测时间/（月-日）	流量/（m^3/s）	监测时间/（月-日）	流量/（m^3/s）	监测时间/（月-日）	流量/（m^3/s）
5-4	33.68	5-2	55.49	5-2	112.66	5-4	9.93	5-4	5.98
6-1	3.22	6-4	34.48	6-3	17.43	6-4	6.58	6-1	2.84
7-6	14.32	7-2	51.68	7-3	52.64	7-2	68.16	7-1	17.84
8-2	15.14	8-1	16.58	8-1	73.9	8-5	5.72	8-4	175.48
9-2	64.88	9-1	120.65	9-2	43.25	9-1	12.68	9-2	51.88
10-9	9.76	10-11	16.13	10-9	7.84	10-8	41.38	10-8	50.64
11-1	5.67	11-05	22.66	11-5	25.48	11-3	54.25	11-2	5.66
12-1	结冰	12-04	14.33	12-2	—	12-2	结冰	12-1	—

表 2-31　社河台沟断面流量监测结果一览表

2012 年		2013 年		2014 年		2015 年	
监测时间/（月-日）	流量/（m^3/s）	监测时间/（月-日）	流量/（m^3/s）	监测时间/（月-日）	流量/（m^3/s）	监测时间/（月-日）	流量/（m^3/s）
—	—	1-4	结冰	1-2	结冰	1-5	结冰
2-2	结冰	2-2	结冰	2-7	结冰	2-2	结冰
3-1	结冰	3-4	结冰	3-3	结冰	3-2	结冰
4-5	3.48	4-2	8.74	4-1	12.64	4-1	4.6
5-2	7.26	5-2	13.88	5-4	6.9	5-4	2.57
6-4	5.87	6-3	4.63	6-4	3.13	6-1	1.02
7-2	8.13	7-3	12.43	7-2	23.47	7-1	6.64
8-1	5.49	8-1	23.49	8-5	0.85	8-4	68.8
9-1	28.44	9-2	13.52	9-1	3.85	9-1	17.56
10-1	4.28	10-9	4.76	10-8	12.46	10-8	10.26
11-5	8.46	11-5	6.74	11-3	5.33	11-2	2.35
12-4	4.39	12-2	—	12-2	结冰	12-1	—

第3章

湖泊及其流域生态环境现状及变化趋势

3.1 流域水质现状、变化趋势及污染物分布特征

3.1.1 湖区水质情况、变化趋势及原因分析

（1）库区水质情况

大伙房水库库区设有 3 个例行监测断面，分别为浑 7 断面、浑 37 断面和浑 73 断面，其中，浑 73 断面为入库断面，浑 37 断面为库区断面，浑 7 断面为出库断面。浑 73 断面采样位置平面为中、垂线为上下，采样 2 点；浑 37 断面和浑 7 断面采样位置平面为左和右、垂线为上中下，采样均为 6 点。采样频次为每月一次，由于各方面因素影响，部分月份减少了采样点位。

例行监测点位具体位置见图 3-1。

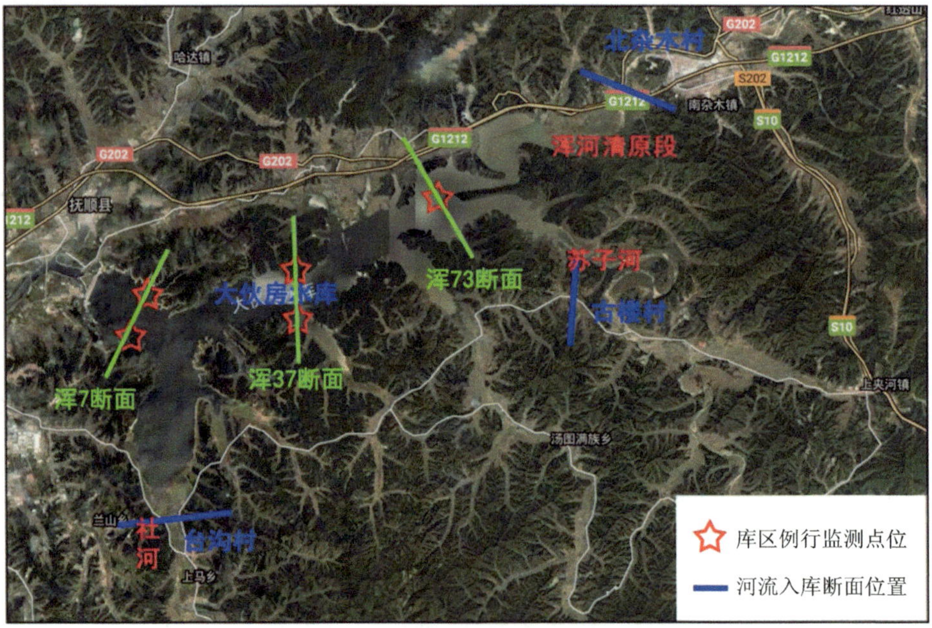

图 3-1　例行监测点位示意图

2011—2015 年，各断面的水质监测年均值结果见表 3-1～表 3-3。

表 3-1 大伙房水库出库浑 7 断面水质监测结果一览表 单位：mg/L

监测因子	出库年均值					II 类标准
	2011 年	2012 年	2013 年	2014 年	2015 年	
透明度/m	2.2	2.1	1.5	1.3	2.1	—
pH	7.8	7.9	7.6	7.7	7.5	6~9
电导率/（mS/m）	19.1	20.6	20.4	23.3	21.5	—
溶解氧	8.47	9.5	9.0	9.2	9.9	6
高锰酸盐指数	2.67	2.9	2.9	2.8	2.6	4
生化需氧量	1.23	1.5	1.5	1.3	1.4	3
化学需氧量		5.00	7.68	8.00	7	15
石油类	0.015	0.02	0.03	0.038	0.04	0.05
挥发酚	0.000 5	0.000 9	0.000 7	0.000 6	0.000 5	0.002
氨氮	0.025	0.043	0.038	0.018	0.035	0.5
总氮	**2.68**	**2.26**	**2.67**	**2.11**	**1.92**	0.5
总磷	0.016	0.016	**0.069**	**0.030**	0.02	0.025
叶绿素 a	0.002 06	0.002 00	0.001 77	0.004 06	0.004 09	—
铜		0.007	0.005	0.008		1.0
铅			0.005			0.01
六价铬	0.011	0.009	0.008	0.002	0.002	0.05
氰化物				0.002		0.05
硫化物		0.013	0.010	0.012	0.005	0.1
氟化物	0.152	0.16	0.16	0.21	0.22	1.0
阴离子表面活性剂	0.070	0.048	0.042	0.042	0.04	0.2
粪大肠菌群/（个/L）	51	71	195	87	81	2000

注：①汞、锌、镉、硒、砷未检出；
②空白格为当年未检测或未检出项目；
③加粗数字为超标数据。

水质监测结果表明，大伙房水库出库浑 7 断面除总氮、总磷外，其余各项监测因子年均值均能够达到《地表水环境质量标准》（GB 3838—2002）II 类要求。

表 3-2 大伙房水库库区浑 37 断面水质监测结果一览表 单位：mg/L

监测因子	库区年均值					II 类标准
	2011 年	2012 年	2013 年	2014 年	2015 年	
透明度/m	2.0	1.9	1.3	1.3	2.0	—
pH	7.8	8.0	7.6	7.8	7.5	6～9
电导率/（mS/m）	19.0	20.5	19.9	23.2	21.9	—
溶解氧	8.42	9.6	9.0	9.1	9.2	6
高锰酸盐指数	2.65	3.1	3.1	3.0	2.7	4
生化需氧量	1.16	1.6	1.5	1.5	1.4	3
化学需氧量		5.00	7.65	7.21	7	15
石油类	0.016	0.02	0.03	0.036	0.04	0.05
挥发酚	0.000 5	0.000 9	0.000 5	0.000 5	0.000 3	0.002
氨氮	0.026	0.037	0.034	0.014	0.052	0.5
总氮	**2.56**	**2.29**	**2.69**	**2.10**	**1.95**	0.5
总磷	0.016	0.018	**0.062**	**0.028**	0.02	0.025
叶绿素 a	0.002 02	0.002 10	0.001 90	0.004 41	0.004 36	—
铜		0.007	0.005	0.008		1.0
铅			0.005			0.01
六价铬	0.012	0.011	0.008	0.002	0.002	0.05
氰化物				0.002		0.05
硫化物		0.017	0.010	0.011	0.006	0.1
氟化物	0.154	0.17	0.16	0.23	0.22	1.0
阴离子表面活性剂	0.077	0.052	0.047	0.036	0.04	0.2
粪大肠菌群/（个/L）	65	89	135	98	92	2 000

注：①汞、锌、镉、硒、砷未检出；
②空白格为当年未检测或未检出项目；
③加粗数字为超标数据。

水质监测结果表明，大伙房水库库区浑 37 断面除总氮、总磷外，其余各项监测因子年均值均能够达到《地表水环境质量标准》（GB 3838—2002）II 类要求。

表 3-3 大伙房水库入库浑 73 断面水质监测结果一览表 单位：mg/L

监测因子	入库年均值					II类标准
	2011 年	2012 年	2013 年	2014 年	2015 年	
透明度/m	1.1	1.7	2.1	—	1.7	—
pH	7.9	7.9	7.8	—	7.7	6～9
电导率/（mS/m）	19.4	18.1	20.7	—	26.9	—
溶解氧	9.62	10.2	11.7	—	12.4	6
高锰酸盐指数	3.61	3.5	2.6	—	2.8	4
生化需氧量	1.84	2.0	2.0	—	1.6	3
化学需氧量		5.00	5.00	—	5	15
石油类	0.014	0.02	0.02	—	0.05	0.05
挥发酚	0.000 4	0.001 0	0.001 0	—	0.000 2	0.002
氨氮	0.016	0.038	0.021	—	0.038	0.5
总氮	**2.78**	**2.30**	**3.59**	—	**2.25**	0.5
总磷	0.025	0.022	0.022	—	0.02	0.025
叶绿素 a	0.001 96	0.002 09	0.002 19	—	0.004 27	—
铜		0.008	0.005	—		1.0
铅			0.005	—		0.01
六价铬	0.021	0.013	0.006	—	0.002	0.05
氰化物				—		0.05
硫化物		0.057	0.004	—	0.006 5	0.1
氟化物	0.160	0.17	0.14	—	0.17	1.0
阴离子表面活性剂	0.074	0.058	0.077	—	0.03	0.2
粪大肠菌群/（个/L）	137	118	130	—	110	2 000

注：①汞、锌、镉、硒、砷未检出；
②空白格为当年未检测或未检出项目；
③加粗数字为超标数据。

水质监测结果表明，大伙房水库入库浑 73 断面除总氮外，其余各项监测因子年均值均能够达到《地表水环境质量标准》（GB 3838—2002）Ⅱ类要求。

（2）水质变化趋势及原因分析

①各断面水质变化趋势

2011—2015 年大伙房水库库区各断面高锰酸盐指数、生化需氧量、总氮、总磷的质量浓度变化趋势情况见图 3-2～图 3-5。

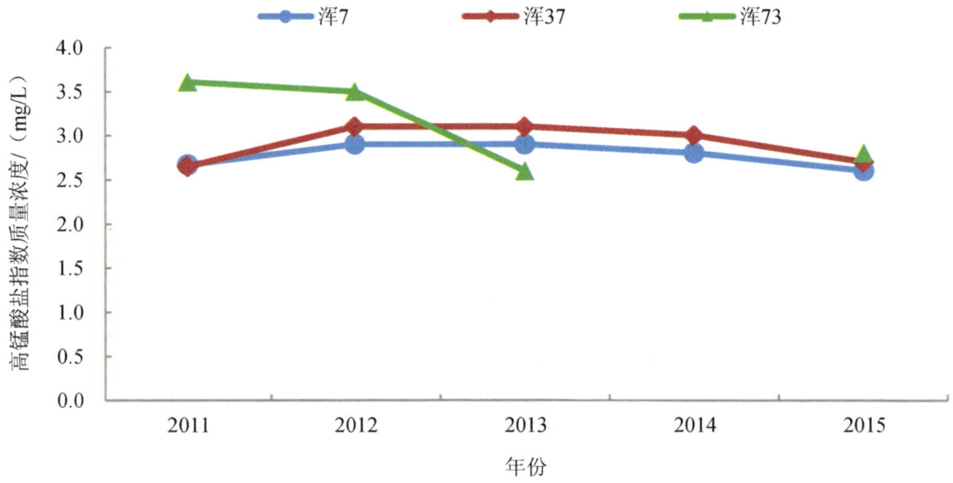

图 3-2　大伙房水库库区各断面高锰酸盐指数质量浓度变化趋势图

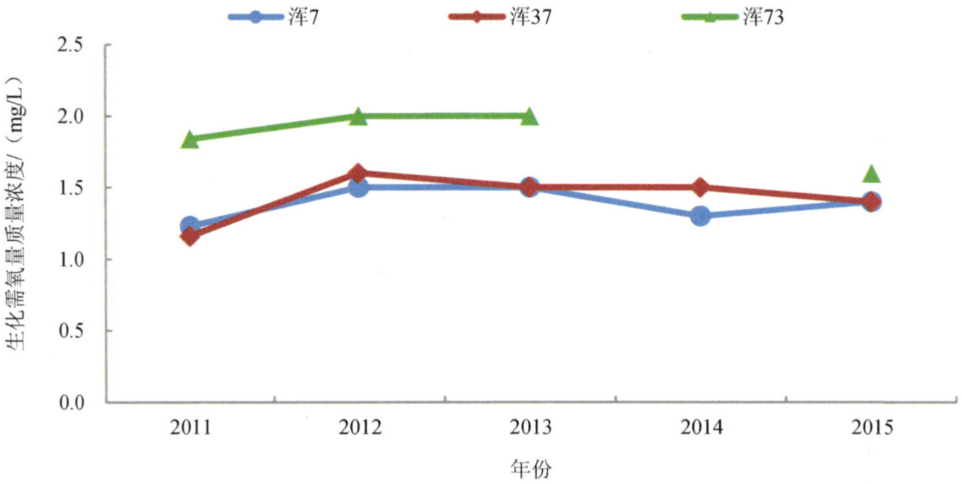

图 3-3　大伙房水库库区各断面生化需氧量质量浓度变化趋势图

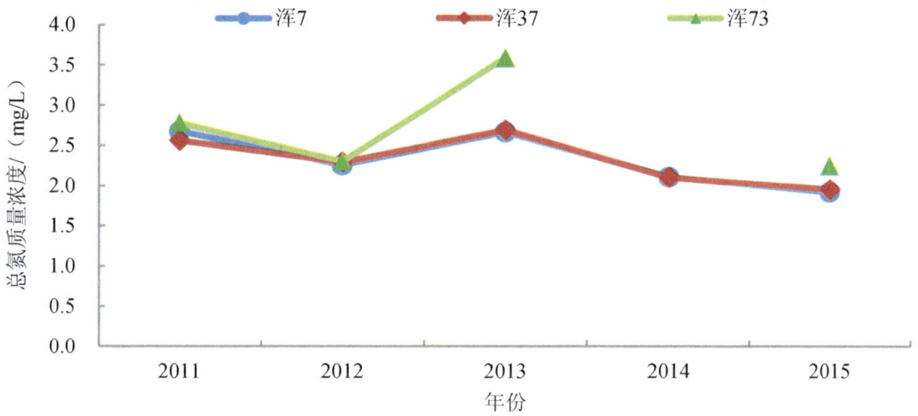

图 3-4　大伙房水库库区各断面总氮质量浓度变化趋势图

图 3-5　大伙房水库库区各断面总磷质量浓度变化趋势图

由图可知：

——各断面的高锰酸盐指数、生化需氧量质量浓度总体变化不明显，总体趋势在 2012 年以后呈递减状态。

——除浑 73 断面的总磷质量浓度基本没有变化外，各断面的总氮、总磷均在 2013 年出现了大幅度增加，2014—2015 年又呈明显递减的趋势，总体控制情况良好。

②水库富营养化变化趋势

取大伙房水库库区各采样点的叶绿素 a、总磷、总氮、透明度、高锰酸盐指数一次监测值的平均值，计算大伙房水库库区 2011—2015 年的富营养化水平，计算结果见表 3-4。

表 3-4　大伙房水库库区富营养化评价一览表

年份	叶绿素 a/（μg/L）	总磷/（mg/L）	总氮/（mg/L）	透明度/m	高锰酸盐指数/（mg/L）	综合营养状态	评价结果
2011	2.02	0.016	2.63	2.0	2.7	38.46	中营养
2012	2.06	0.019	2.28	1.9	3.1	39.47	中营养
2013	1.95	0.051	2.98	1.6	2.9	43.42	中营养
2014	4.21	0.029	2.11	1.3	2.9	43.61	中营养
2015	4.24	0.020	2.04	1.9	2.7	40.70	中营养

由表 3-4 中数据可知，2011—2015 年大伙房水库库区的水质富营养化水平均为“中营养”（30～50），其中前 4 年呈逐年增高趋势，但变化趋势不明显。

③原因分析

a. 面源污染的影响

大伙房水库的面源污染主要来自上游农业生产的化肥和农药流失、人和畜禽粪便污染、生产生活固体废弃物、水土流失等。农业生产中过度施用化肥、农药，大量未被作物吸收的残留物随降雨径流进入水库，造成水体污染和富营养化；未经处理的人畜粪便和固体废弃物，在雨水的冲刷下产生大量的渗滤液排入水体，形成面源污染；水土流失的影响主要表现在汛期暴雨洪水裹挟大量泥沙进入水库，造成库区水体无机盐和有机质含量迅速升高。另外，由于水库底泥的营养盐回归及生物体的死亡分解，可使水库水中高浓度的氮、磷维持相当长的时间。

b. 流域水文特性的影响

流域水文特性对大伙房水库水质的影响主要表现为降水量和径流量的变化。由于气候变化和人为因素的影响，大伙房水库上游汇水区年降水量和径流量每年各不相同。降水量和流域径流量减少，会直接导致入库水量和蓄水量减少、水体交换周期延长、自净能力减弱，最终使水体中污染物浓度升高，水质变差。

c. 洪水的影响

2013 年和 2014 年总磷超标，主要是受洪水的影响。一是上游洪水将岸边生活垃圾、农户散养的家禽粪便和旱厕粪便冲入河中，进而带入水库库区，形成污染；二是由于水库上游农田施用化肥和农家肥经雨水充分浸泡和冲刷，氮、磷和有机污染物质溶入水中，排入上游支流和水库库区；三是规模化养殖粪便以及溺死牲畜腐烂造成污染。

3.1.2 水体污染物分布特征

选取库区具有代表性的高锰酸盐指数、生化需氧量、石油类、挥发酚、总氮、总磷、六价铬以及阴离子表面活性剂（共 8 项）作为大伙房水库综合污染指数法的评价指标，大伙房水库库区 2011—2015 年各水期、各断面的综合污染指数计算结果具体见表 3-5。

表 3-5 大伙房水库综合污染指数计算结果一览表 单位：mg/L

分类	名称	年份				
		2011	2012	2013	2014	2015
水期	枯水期	9.24	7.70	10.44	9.27	7.45
	平水期	7.95	8.29	11.56	8.52	7.08
	丰水期	7.79	7.57	8.76	7.18	6.73
断面	浑 7	8.20	7.68	10.67	7.18	7.05
	浑 37	8.00	7.86	10.37	7.86	7.03
	浑 73	9.35	8.52	10.82	—	7.82

由表 3-5 中数据可知，各水期中丰水期污染程度最轻，污染程度由重到轻总体趋势为枯水期＞平水期＞丰水期；各断面中入库断面（浑 73）污染最重，库区断面（浑 37）及出库断面（浑 7）的污染程度相近。

3.2 湖区底质现状调查

3.2.1 湖区底质调查点位布设

2010 年和 2015 年，对大伙房水库库区底质进行了例行监测，监测点位为 5 个，分别为浑 7 左、浑 7 右、浑 37 左、浑 37 右和浑 73，各采样一次。

2012 年 9 月和 2015 年 11 月，对大伙房水库库区底质进行了现场监测，监测点位为 5 个，分别为浑河河口、苏子河河口、社河河口、库区中心和坝上出水口附近，各采样一次。

3.2.2 湖区底质物理化学性状

2010—2015 年，大伙房水库沉积物物理化学指标监测结果见表 3-6。

表 3-6 大伙房水库沉积物物理化学指标调查一览表

名称	单位	2010 年例行	2012 年监测		2015 年例行		2015 年监测	
		平均值	范围	平均值	范围	平均值	范围	平均值
含水率	%						69.08～99.22	81.38
总氮	mg/kg		2 520～8 750	4 578			152～233	192
总磷	mg/kg		908～1 345	1 152			50～186	115
有机质	g/kg		3.59～8.31	4.82			1.40～1.95	1.68
汞	mg/kg	0.630	0.049～0.212	0.127	0.009～0.073	0.050	0.046～0.084	0.060
铜	mg/kg	86			54～66	60		
铅	mg/kg	52.5	2.9～4.9	3.7	45.0～65.7	57.1		
砷	mg/kg	28.00			8.45～14.61	11.54		
镉	mg/kg	0.48	0.1～0.4	0.2	0.12～0.25	0.20		
铬	mg/kg		49.9～69.5	60.4			8.947～54.494	34.453
锌	mg/kg	258.7	23～222	127	151.7～182.7	170.9		

3.2.3　湖区底质状况变化趋势及原因分析

①库区沉积物物理化学指标呈逐年递减趋势，2015 年含量值最低；对比《土壤环境质量标准》（GB 15618—1995），其中汞、砷、镉、铬能够达到一级标准（自然背景），铜、铅、锌能够达到二级标准，含量较低。

②重金属表现出相似的空间变化规律，即从库尾到库首总体呈下降趋势，入库河流是库区沉积物中重金属的主要来源；通过对浑河清原段、苏子河、社河入库断面的底质沉积物进行调查发现，浑河清原段的砷、镉、铜、铅、锌含量相对偏高，社河的铬、汞含量相对偏高。综合分析得出，浑河清原段的汇入是大伙房水库沉积物中重金属（铜、铅、锌）的主要来源，虽然工矿企业的废水排放已经进行了有效的治理，但矿产开采不可避免地伴随着水土流失，造成其中重金属的面源排放。

3.3　湖泊水生态环境状况调查

3.3.1　水生植物现状及变化趋势

保护区内的水生植物主要分布于入库河流的沿岸带，水生植物资源较为丰富，经调查涉及的水生植物有 14 科 42 种。水生植物群落主要分布于水流平缓、底质为淤泥或粉砂的水体中。在河道窄、水流急、底质为砾石或卵石的区段，水生植物种类比较贫乏。另外，在一些地势低洼、具有河漫滩特征的河段，挺水植物和湿生植物比沉水植物发达。

（1）湿生、挺水植物

湿生、挺水植物是入库三大河流水生植被的主体，广泛分布于各河流沿岸带。

①东方藨草群落

在保护区内分布广泛，且为优势群落，以红升、永陵上、清原上、南杂木等地的分布面积较大，清原下、滚马岭、鸽子洞也有生长；水深一般为 0.2 m 左右，伴生植物有卵穗荸荠、乳突苔草、长刺牛毛毡等。

②水蓼+戟叶蓼群落

在红升下、新宾下和古楼的分布面积较大，永陵下、清原上、清原下和苍石下次之，其他分布较少；通常生于河边湿地及 0.5 m 水深的河湾内，底质优劣均能生长；群落高度为 20～50 cm，群落外貌亮绿色；生于河边湿地者覆盖度为 40%～50%，生于水中者覆盖度为 70%左右。

③藨草群落

主要分布在南杂木、苍石下、清原下等沿岸湿地，四道河、五龙、鸽子洞也有生长；群落外貌暗绿色，伴生种类有芦苇、菖蒲、狗尾草等。

④乳突苔草群落

主要分布于南章党、红升下、新宾下和滚马岭等地；丰水期水深为 0.2 m 左右；伴生种有羊胡子苔草、圆锥苔草、宽鳞苔草、圆穗苔草。

⑤蒌蒿

主要分布在英额门、清原上、清原下等河漫滩地或泡子边，对底质具有很强的适应能力，在砂砾地上也能很好地生长；8 月群落覆盖度最大可达 50%；伴生种类主要有柳叶蒿、水蓼、藨草、狗尾草等；群落外貌苍绿色，季相明显。

（2）沉水植物

沉水植物只发现 4 种，有菹草、竹叶眼子菜、小叶眼子菜、五刺金鱼藻，分布范围小、生物量低。以菹草群落为典型代表，分布在水流平缓、较浅、底质较软的地带；主要分布在南章党、红升下、苍石下、新宾下，在清原上、清原下也有分布；伴生种有竹叶眼子菜、小叶眼子菜等，覆盖度为 30%～40%。

水生植物以湿生、挺水植物为主，且与气温高低、封冻期长短、水位季节性起落、底质组成、河水流速等自然条件以及水质污染状况密切相关。莎草科、眼子菜科和蓼科是三条河系的优势群落，其次是菊科和禾本科。同时，在清洁水域水生植物比较丰富，在污染水域水生植物群落则逐渐简单化，向单一植物群落方向发展。

3.3.2　浮游植物现状及变化趋势

（1）年际变化情况

大伙房水库库区设有 5 个浮游植物例行监测点位，分别为浑 7 左、浑 7 右、浑 37 左、浑 37 右和浑 73；采样频次基本为枯水期、丰水期、平水期各一次。

“十二五”期间，大伙房水库共检出浮游植物 126 种，隶属 7 个门，其中隐藻门 6 种、绿藻门 53 种、硅藻门 51 种、裸藻门 5 种、蓝藻门 8 种、甲藻门 1 种、金藻门 2 种。大伙房水库浮游植物群落组成为：绿藻—硅藻—蓝藻型。

2011—2015 年，各点位的浮游植物监测结果见表 3-7。

表 3-7　大伙房水库库区浮游植物监测结果一览表

采样点	年份	月份	种类数	生物密度/（万个/L）	优势种名称	优势种占总数百分比/%	多样性指数
浑7左	2011	5	12	87	尖针杆藻、狭形纤维藻	17.24	3.36
		7	17	420	极小短缝藻	64.29	1.83
		10	14	131	小形色球藻、梅尼小环藻、啮蚀隐藻	27.48	3.33
	2012	4	16	285	尖针杆藻	18.95	3.69
		7	13	270	尖针杆藻	20.00	3.31
		10	10	111	狭形纤维藻	21.62	3.19
	2013	5	14	147	美丽星杆藻	24.49	3.52
		10	5	36	梅尼小环藻	33.33	2.19
	2014	4	14	123	美丽星杆藻	14.63	3.59
		10	12	102	啮蚀隐藻、四尾栅藻	17.65	3.32
	2015	4	8	111	小球藻	48.65	2.42
		10	13	129	啮蚀隐藻、最小舟形藻	13.95	3.52
浑7右	2011	5	12	87	尖针杆藻、狭形纤维藻	17.24	3.36
		7	18	477	极小短缝藻	57.86	2.03
		10	14	108	尖针杆藻	16.67	3.47

采样点	年份	月份	种类数	生物密度/（万个/L）	优势种名称	优势种占总数百分比/%	多样性指数
浑7右	2012	4	14	210	尖针杆藻	18.57	3.57
		7	13	297	尖针杆藻	18.18	3.29
		10	11	111	尖针杆藻	16.22	3.35
	2013	5	15	132	美丽星杆藻	27.27	3.46
		10	7	42	小胶鞘藻	28.57	2.61
	2014	4	13	108	尖尾蓝隐藻	13.89	3.65
		10	10	99	啮蚀隐藻	27.27	3.08
	2015	4	8	111	小球藻	48.65	2.42
		10	12	132	啮蚀隐藻	20.45	3.42
浑37左	2011	5	11	93	狭形纤维藻	22.58	3.24
		7	16	471	极小短缝藻	57.32	1.97
		10	11	108	梅尼小环藻	33.33	3.10
	2012	4	14	213	尖针杆藻	18.31	3.58
		7	13	312	尖针杆藻	25.96	3.22
		10	10	114	椭圆小球藻	18.42	3.18
	2013	5	15	132	美丽星杆藻	34.09	3.37
		10	8	39	小胶鞘藻	30.77	2.78
	2014	4	12	102	尖尾蓝隐藻、美丽星杆藻	11.76	3.54
		10	11	99	啮蚀隐藻	27.27	3.16
	2015	4	8	99	小球藻	45.45	2.51
		10	13	138	啮蚀隐藻	19.57	3.54
浑37右	2011	5	10	93	狭形纤维藻	29.03	2.99
		7	16	501	极小短缝藻	55.69	2.12
		10	10	96	啮蚀隐藻、尖尾兰隐藻	18.75	3.10
	2012	4	13	180	尖针杆藻	20.00	3.44
		7	13	306	尖针杆藻	23.53	3.31
		10	11	96	尖尾蓝隐藻	25.00	3.13

采样点	年份	月份	种类数	生物密度/（万个/L）	优势种名称	优势种占总数百分比/%	多样性指数
浑37右	2013	5	16	129	美丽星杆藻	32.56	3.41
		10	9	39	简单舟形藻	30.77	2.93
	2014	4	13	96	梅尼小环藻、美丽星杆藻	12.50	3.59
		10	12	114	皮状席藻	15.79	3.51
	2015	4	10	117	小球藻	46.15	2.69
		10	14	135	啮蚀隐藻	15.56	3.71
浑73	2011	5	13	126	狭形纤维藻	16.67	3.55
		10	13	228	啮蚀隐藻	19.74	3.52
	2013	5	14	135	美丽星杆藻	28.89	3.40
	2015	4	11	108	小球藻	33.33	2.95

2011—2015 年枯水期、平水期，各点位浮游植物多样性指数计算结果见表 3-8。

表 3-8　大伙房水库浮游植物多样性指数计算结果一览表

监测点位	4—5 月（枯水期）					10 月（平水期）				
	2011 年	2012 年	2013 年	2014 年	2015 年	2011 年	2012 年	2013 年	2014 年	2015 年
浑 7 左	3.36	3.69	3.52	3.59	2.42	3.33	3.19	2.19	3.32	3.52
浑 7 右	3.36	3.57	3.46	3.65	2.42	3.47	3.35	2.61	3.08	3.42
浑 37 左	3.24	3.58	3.37	3.54	2.51	3.10	3.18	2.78	3.16	3.54
浑 37 右	2.99	3.44	3.41	3.59	2.69	3.10	3.13	2.93	3.51	3.71
浑 73	3.55		3.40		2.95	3.52				

2011—2015 年枯水期、平水期，各点位浮游植物多样性指数变化趋势见图 3-6、图 3-7。

由图可知：

①除 2015 年监测数据外，多样性指数总体呈现枯水期＞平水期的趋势。

②在枯水期，多样性指数 2015 年最低、2012 年和 2014 年最高；在平水期，多

样性指数 2013 年最低、2015 年最高。

③同一监测时段内，各监测点位多样性指数总体变化不明显。

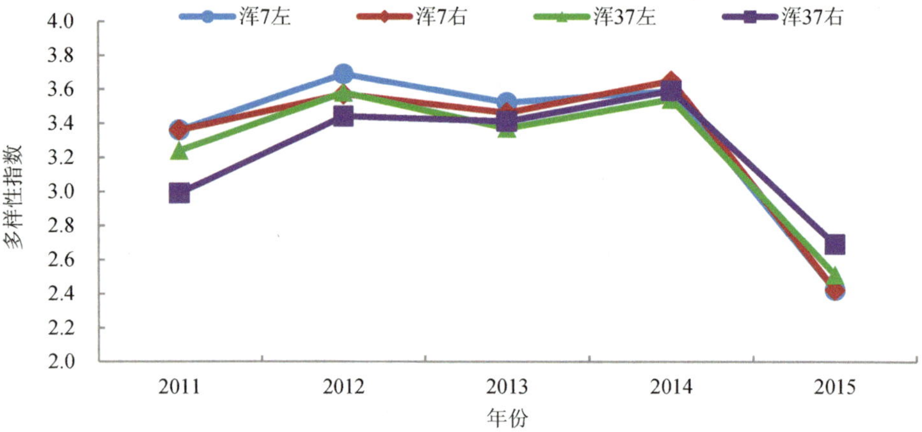

图 3-6　大伙房水库库区各点位浮游植物多样性指数趋势图（枯水期）

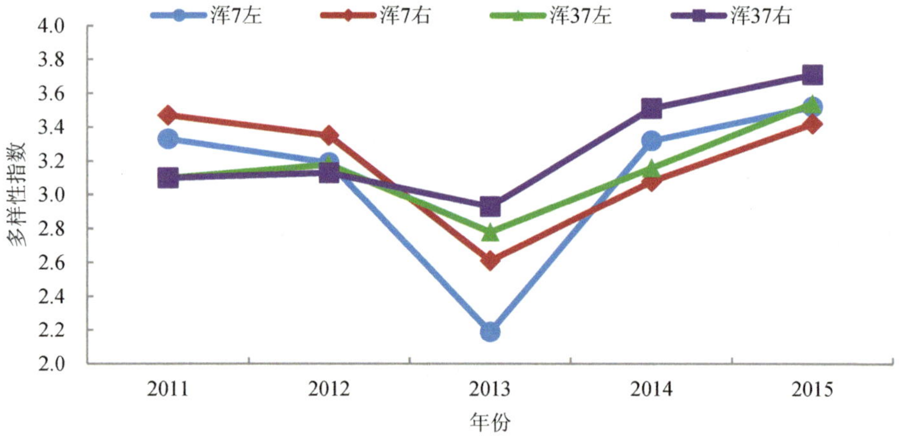

图 3-7　大伙房水库库区各点位浮游植物多样性指数趋势图（平水期）

（2）年内变化情况

根据《大伙房水库水生生物多样性及其鱼产力研究》，调查于 2015 年 5 月开始至 2016 年 4 月结束。根据浑河流经方向以入库口为上游、坝前为下游划分 6 个断面，其中上游 A、B 断面各两个采样点，C、D、E、F 四个断面各三个采样点。水深不足 8 m 的以及水库两岸附近的采样点采集混合样；水深在 8～20 m 的采样点，采集表层、中层、底层；水深超过 20 m 的采样点，采集表层、中上层、中层、中下层、底层。监测频次为每月 1 次。监测项目包括浮游植物、浮游动物、底栖动物和鱼类。监测点位具体位置见图 3-8。

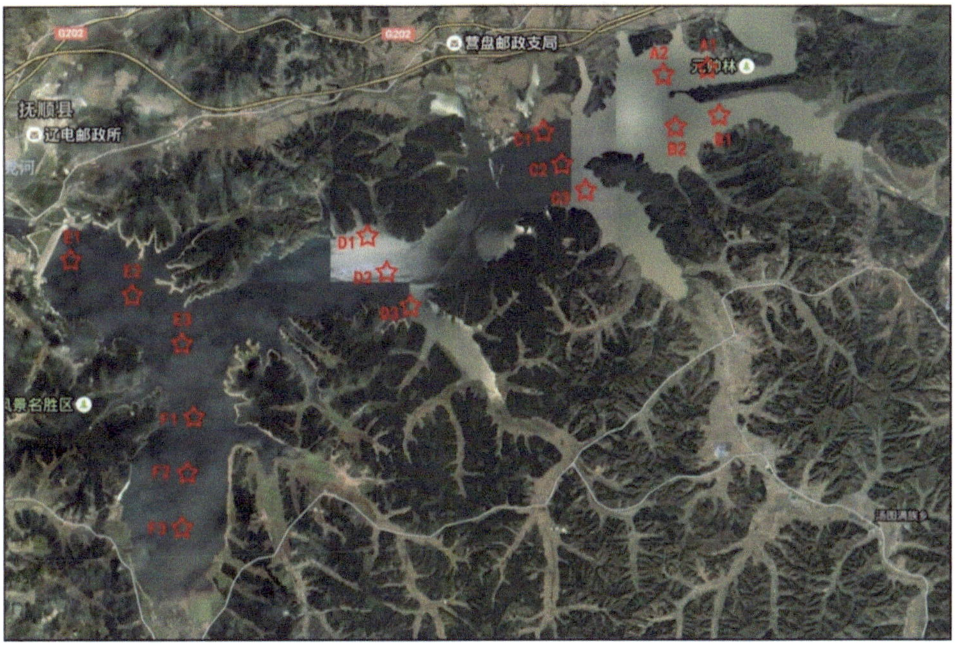

图 3-8　《大伙房水库水生生物多样性及其鱼产力研究》监测点位图

①浮游植物种类组成

调查期间，观察到大伙房水库浮游植物共 86 属 159 种，其中绿藻门（*Chlorophyta*）40 属 75 种，种数占比 47.17%；硅藻门（*Baccillariophyta*）22 属 46 种，种数占比 28.93%；蓝藻门（*Cyanophyta*）10 属 17 种，种数占比 10.69%；甲藻门（*Pyrrophyta*）4 属 6 种，种数占比 3.77%；金藻门（*Chrysophyta*）4 属 5 种，种数占比 3.14%；裸藻门（*Euglenophyta*）4 属 5 种，种数占比 3.14%；隐藻门（*Cryptophyta*）2 属 5 种，种数占比 3.14%。绿藻门出现物种数最多，其次为硅藻门，再次是蓝藻门，最后是甲藻门、金藻门、裸藻门、隐藻门。

浮游植物各门类物种组成见图 3-9。

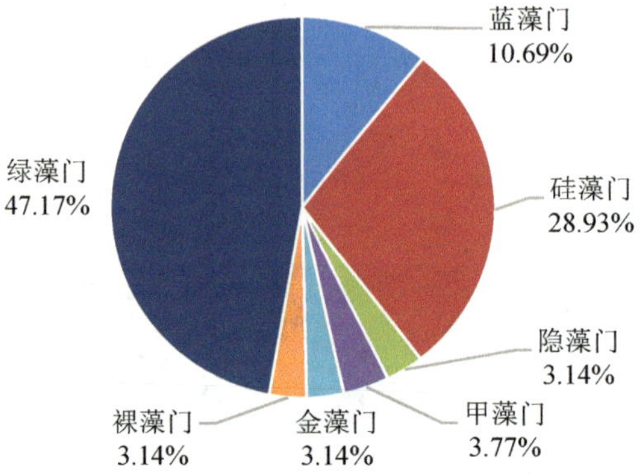

图 3-9 大伙房水库浮游植物各门类物种组成图

②浮游植物优势种

优势种类以蓝藻门、硅藻门、绿藻门、隐藻门为主，优势种优势度明显，其次是甲藻门、金藻门，优势种优势度不明显。以出现次数/调查次数≥40%统计，常见种类有：尖针杆藻（*Baccillariophyta Synedra acus*，91.67%）、科曼小环藻（*Cyclotella comensis*，41.67%）、尖尾蓝隐藻（*Chroomonas acuta*，41.67%）、卵圆隐藻（*Cryptomonas ovata*，83.33%）、旋转单针藻（*Monoraphidium contortum*，41.67%）。其中春季优势种以卵圆隐藻（优势度 Y=0.53）为主，其次是小球藻（优势度 Y=0.13）；夏季优势种以尖针杆藻为主，其次是孟加拉月形藻（优势度 Y=0.39）；秋季以小席藻为主；冬季以卵圆隐藻为主。综上所述，春季、冬季优势种主要是隐藻门，夏季优势种主要出现在绿藻门，秋季主要是蓝藻门，其中尖针杆藻与卵圆隐藻几乎全年都是优势种。

③浮游植物密度和生物量

调查期间，浮游植物各月平均密度 5.66×10^6ind/L，平均生物量 2.03 mg/L，其中平均密度最低值出现在 2015 年 12 月，为 1.40×10^6ind/L，最高值出现在 9 月，为 13.40×10^6ind/L。生物量最高值出现在 5 月，为 4.31 mg/L，最低值出现在 10 月，为 0.91 mg/L，密度与生物量表现出的不一致是因为 5 月出现了体积较大的尖针杆藻，因此影响了其生物量的大小。大伙房水库浮游植物密度、生物量的时间分布见图 3-10。综上所述，全年密度表现出夏季＞秋季＞春季＞冬季，生物量表现出夏季＞春季＞

秋季>冬季。

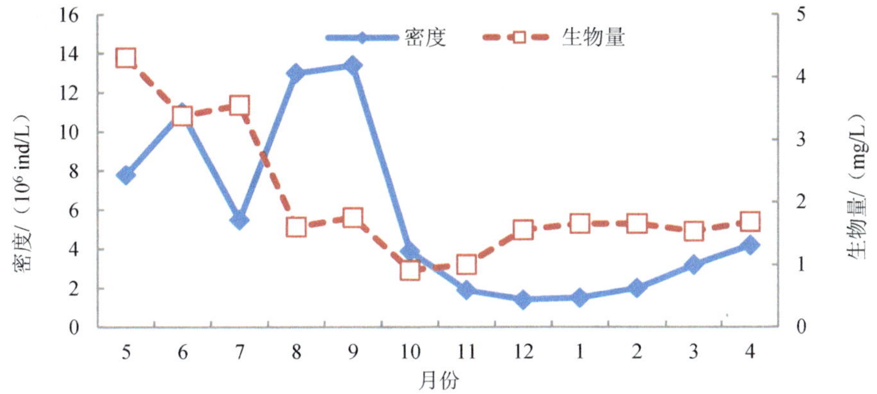

图 3-10 大伙房水库浮游植物密度、生物量的时间分布图

浮游植物密度和生物量从垂直分布上看，全年平均密度中上层最高，为 7.63×10^{6}ind/L，中下层最低，为 3.68×10^{6}ind/L；平均生物量中上层最高，为 1.86 mg/L，中层最低，为 1.10 mg/L。水层全年平均密度中上层>表层>底层>中层>中下层，全年平均生物量中上层>表层>底层>中下层>中层。密度与生物量均表现出上层>底层的趋势。大伙房水库浮游植物密度、生物量的垂直分布见图 3-11。

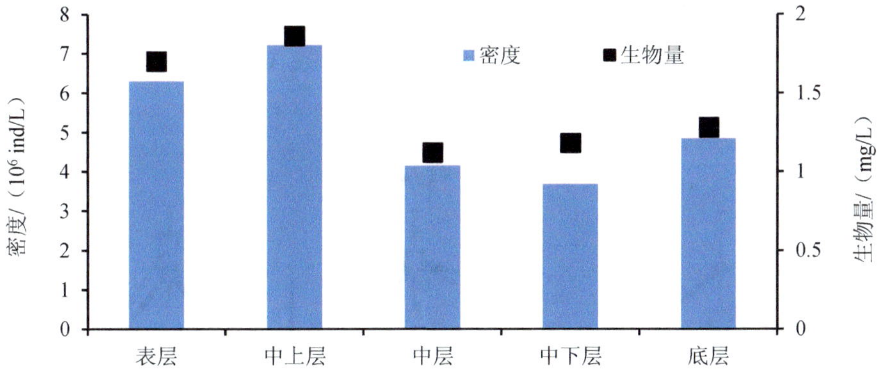

图 3-11 大伙房水库浮游植物密度、生物量的垂直分布图

从水平分布上来看，密度与生物量从上游到下游变化规律基本一致，密度呈现出上游>中游>下游的趋势，其中最大值出现在上游 A 点，其密度为 8.78×10^{6}ind/L，最小值出现在下游的 F 点，其密度为 5.18×10^{6}ind/L；生物量最高值出现在上游的 B

断面，为 4.09 mg/L，最小值出现在下游的 E 断面，为 1.43 mg/L。其中各断面全年平均密度最大值均属于蓝藻门，其次是硅藻门与隐藻门；生物量最大值出现在硅藻门和隐藻门。大伙房水库浮游植物密度、生物量的水平分布见图 3-12。

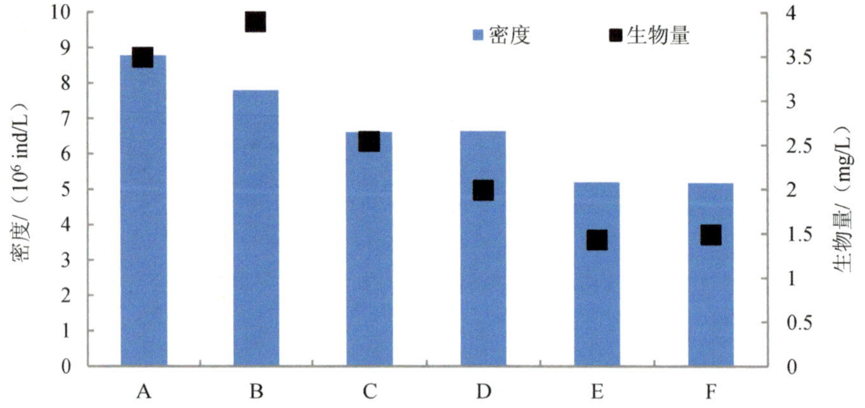

图 3-12　大伙房水库浮游植物密度、生物量的水平分布图

④浮游植物多样性

大伙房水库浮游植物多样性指数调查期间各月平均值如图 3-13 所示，其中大伙房水库 2015 年 Shannon-Weaner 多样性指数（H′）5 月最高，为 3.02，8 月最低，为 1.63，全年平均值为 2.35；2016 年 Pielou 均匀度指数（J）3 月最高，为 0.80，2 月最低，为 0.26，全年平均为 0.53。

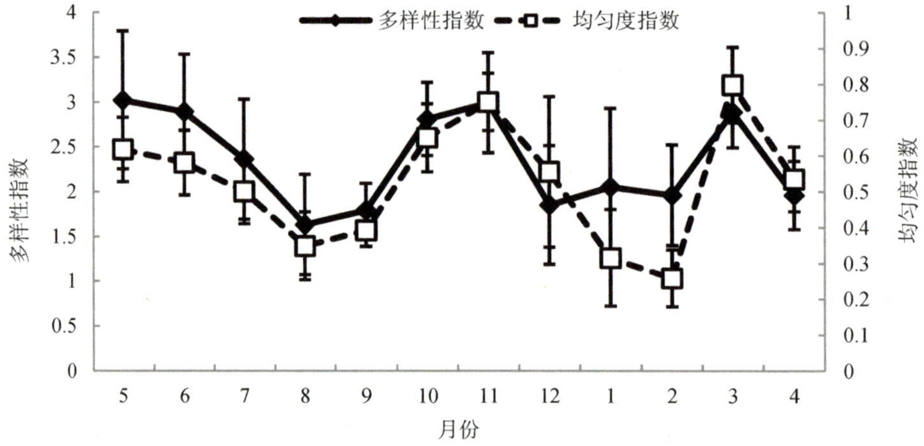

图 3-13　大伙房水库浮游植物多样性指数的时间分布图

大伙房水库多样性指数调查期间水平分布如图 3-14 所示，Shannon-Weaner 多样性指数（H′）最高值出现在上游的 A 断面，为 2.81±1.05，最低值出现在 D 断面，其值为 2.18±0.54，各断面平均值为 2.44；Pielou 均匀度指数（J）最高值出现在上游的 A 断面，为 0.60±0.16，最低值出现在 D 断面，为 0.50±0.18，各断面平均值为 0.54。Shannon-Weaner 多样性指数（H′）、Pielou 均匀度指数（J）各断面变化幅度不大，总体上呈由上游至下游先降低后增高的趋势。

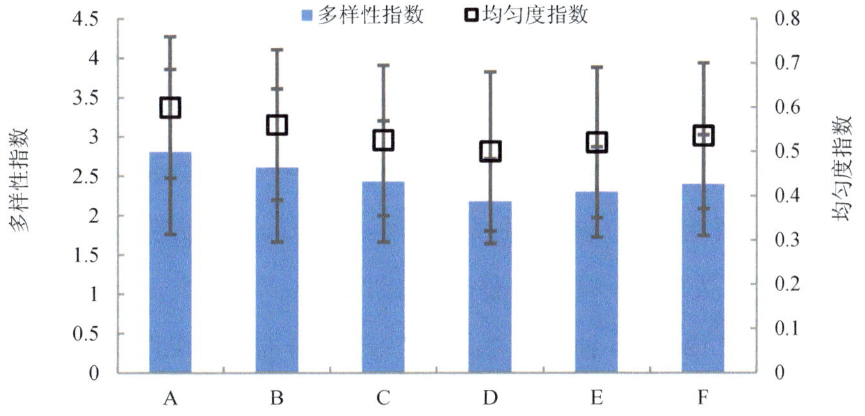

图 3-14 大伙房水库浮游植物多样性指数的水平分布图

大伙房水库多样性指数调查期间垂直分布如图 3-15 所示，Shannon-Weaner 多样性指数（H′）中上层最大为 2.50±0.70，表层最小为 2.20±0.75；Pielou 均匀度指数（J）中层最大，中上层和底层次之，中下层和表层最小。

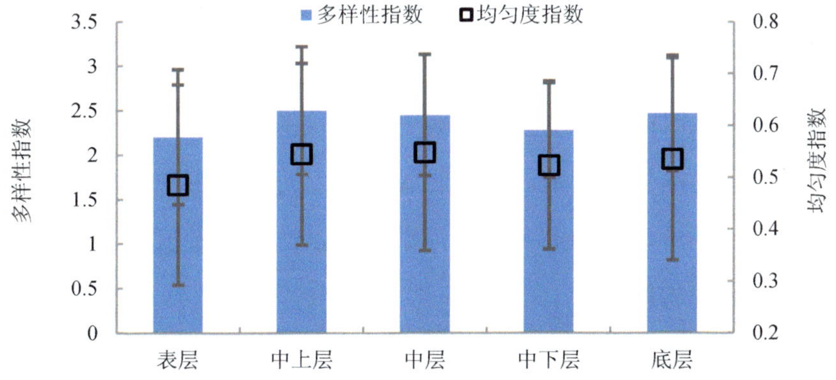

图 3-15 大伙房水库浮游植物多样性指数的垂直分布图

3.3.3　浮游动物现状及变化趋势

根据《大伙房水库水生生物多样性及其鱼产力研究》，浮游动物现状及变化趋势具体如下。

（1）浮游动物种类组成

调查期间各时间段（每月 1 次）浮游动物群落结构组成均以轮虫为优，影响其群落组成及密度大小的主要因素为食物及摄食浮游动物的鱼类。从轮虫的分布上看，基本都为滤食性种类，少见以浮游动物为食的轮虫，因此，浮游植物为影响其群落结构的因素之一。调查期间，观察到大伙房水库浮游动物共 177 个种属（鉴定到属的按一个种计算），比《汤河水库和大伙房水库浮游动物的群落结构特征和空间分布》中 2010—2011 年调查结果（99 个种属）要高。其中：原生动物 37 属 60 种，种类占比 33.90%；轮虫类 37 属 84 种，种类占比 47.46%；枝角类 11 属 19 种，种类占比 10.73%；桡足类 12 属 14 种，种类占比 7.91%。分布组成见图 3-16。

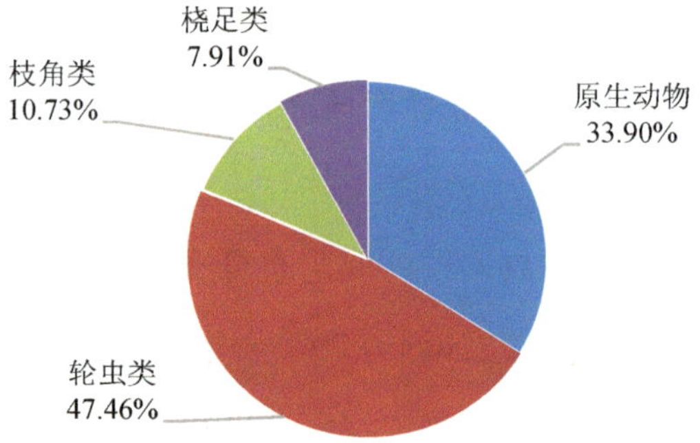

图 3-16　大伙房水库浮游动物各门类物种组成图

组成的物种数从时间分布上看，夏、秋两季较多，冬、春两季较少，这是由于温度影响了浮游动物的生长繁殖。同时物种数从上游到下游减少，这是由于上游入库口有机质丰富、浮游植物种类多，而浮游动物以滤食浮游植物为主，受其影响较大，因此造成此种分布规律。

（2）浮游动物优势种

浮游动物优势种类以轮虫为主，优势种优势度明显，原生动物次之，桡足类和枝角类较少，与浮游动物各门类分布一致。王氏拟铃虫（*Tintinnopsis wangi*，66.67%）、螺形龟甲轮虫（*Keratella cochlearis*，41.67%）、囊形单趾轮虫（*Monostyla bulla*，50%）、舞跃无柄轮虫（*Ascomorpha saltans*，83.33%）、簇多肢轮虫（*Polyarthra trigla*，58.33%）和无节幼体（*Nauplius larva*，83.33%）为广布性种类。这是由于原生动物和轮虫个体较小，饵料丰富，不易被滤食性鱼类摄食且繁殖快，因而形成优势种类。

（3）浮游动物密度、生物量

调查期间浮游动物各月平均密度 232.89 ind/L，平均生物量 0.349 mg/L，其中平均密度最低在 2015 年 12 月，为 11.23 ind/L，当月生物量为 0.114 mg/L，亦为最低；平均密度最高在 2015 年 8 月，为 544.95 ind/L，生物量 8 月最高，为 0.697 mg/L。从浮游动物密度、生物量在时间分布上看，大伙房水库密度 5—6 月升高，7 月出现下降波动，在 8 月达到最高，8—12 月呈下降趋势，12 月至次年 3 月升高，4 月下降。生物量 5—8 月呈升高趋势，9—12 月下降，次年 1—3 月升高，4 月下降。大伙房水库浮游动物密度、生物量的时间分布见图 3-17。

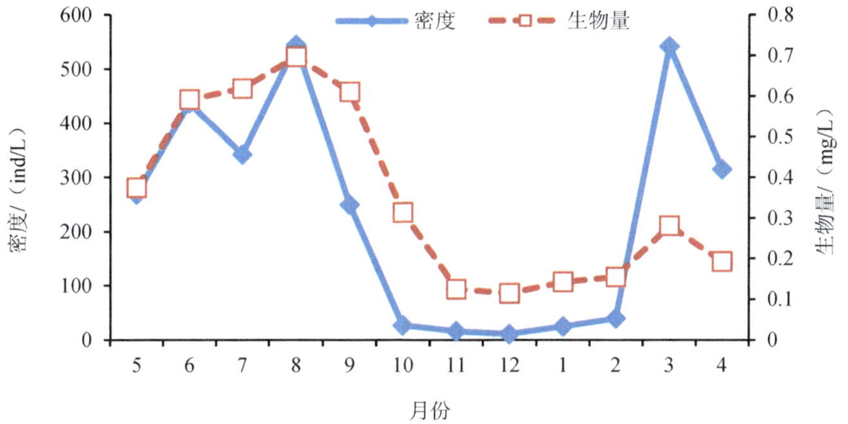

图 3-17　大伙房水库浮游动物密度、生物量的时间分布图

从垂直分布上看，全年平均密度中上层最高，为 235.45 ind/L，中层生物量最高，为 0.690 mg/L。平均密度表层最低，为 142.15 ind/L，生物量 0.138 mg/L 亦为最低。水层全年平均密度中上层＞中层＞中下层＞底层＞表层，全年平均生物量中层＞底层＞中下层＞中上层＞表层。密度与生物量水层间差异显著，中下层与其余各层差异不显著，中上层、中层与表层、底层差异显著，但两者内部差异不显著。大伙房水库浮游动物密度、生物量的垂直分布见图 3-18。

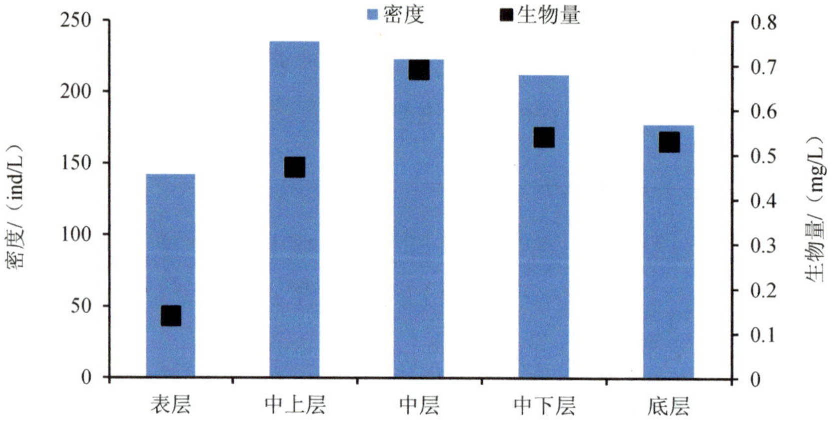

图 3-18　大伙房水库浮游动物密度、生物量的垂直分布图

从水平分布上看，密度与生物量上、下游差异不显著。其中下游坝前（E 断面）密度最低，为 219.09 ind/L；中下游（D 断面）的密度最高，为 343.20 ind/L；中游（C 断面）生物量最低，为 0.294 mg/L，下游（F 断面）生物量最高，为 0.517 mg/L。大伙房水库浮游动物密度、生物量的水平分布见图 3-19。

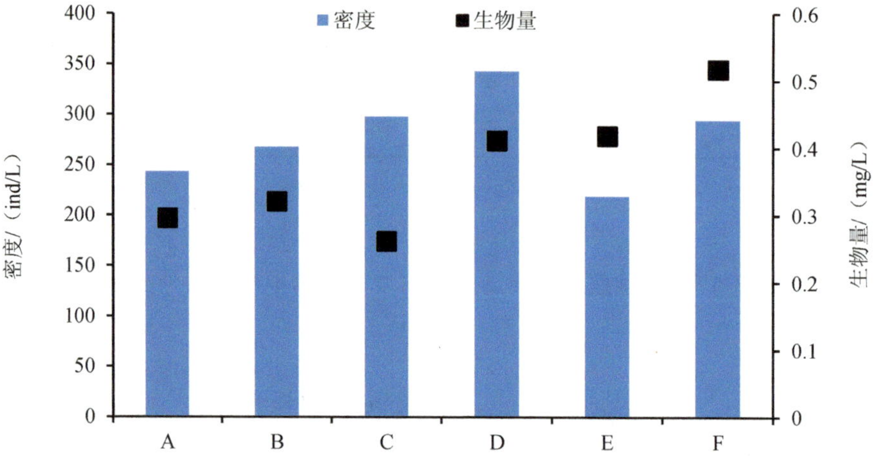

图 3-19　大伙房水库浮游动物密度、生物量的水平分布图

从浮游动物组成来看，密度以轮虫和原生动物占优势，而生物量贡献则主要来源于枝角类和桡足类。浮游动物生物量与枝角类、桡足类密度呈显著正相关，与原生动物和轮虫密度呈负相关。这是由于：

①轮虫、原生动物等小型浮游动物主要滤食水体中浮游藻类、细菌及有机碎屑，相对来说饵料比较充足，且其个体小、生命周期短、繁殖快，较容易在水体中大量繁殖。

②水库一般以鲢、鳙为主要经济鱼类，由于其滤食性特性，会对水体中体型较大的枝角类和桡足类选择性摄食，原生动物和轮虫则较易避开。这导致了枝角类、桡足类密度较低，但由于其本身体型较大，因此对生物量产生贡献较大。

（4）浮游动物多样性和均匀度指数

调查期间 2015 年 9 月 Shannon-Weaner 多样性指数（H'）最高，为 3.597，多样性非常丰富；2016 年 3 月最低，为 2.225，多样性较好。全年多样性指数平均为 2.845，多样性丰富。各个断面多样性指数丰富，但上游较高，说明上游浮游动物群落结构的复杂程度和稳定性高于下游，这是由于上游浮游植物多样性较高，群落结构丰富，从而影响浮游动物的多样性。调查期间 2015 年 11 月 Pielou 均匀度指数（J）最高，为 0.875（通常以均匀度指数大于 0.3 作为其物种丰富度较好的综合评价），表明其物种多样性较好，2016 年 3 月最低，为 0.563，全年均匀度指数均值为 0.717，说明整个库区总体物种多样性较好。大伙房水库浮游动物多样性指数时间分布见图 3-20。

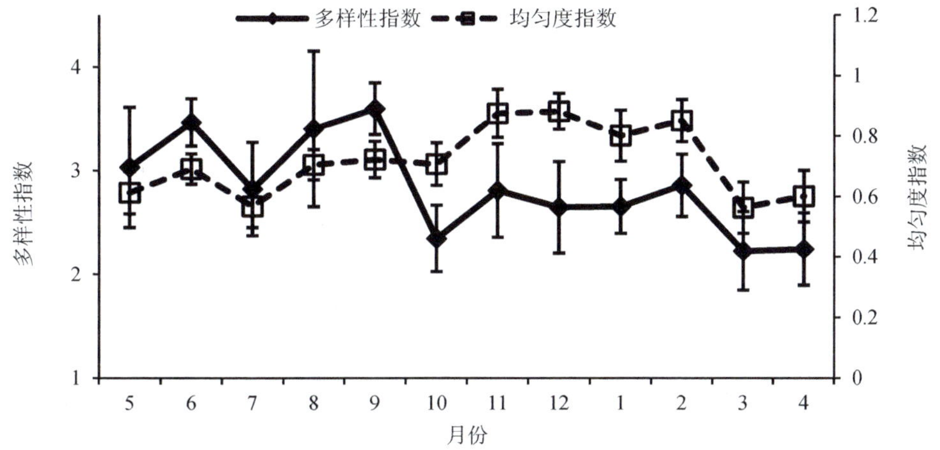

图 3-20 大伙房水库浮游动物多样性指数时间分布图

大伙房水库多样性指数调查期间水平分布如图 3-21 所示，Shannon-Weaner 多样性指数（H′）上游（A 断面）最高，并且与其他断面差异不显著；Pielou 均匀度指数（J）下游坝前最高（E 断面），与其他断面差异不显著。Shannon-Weaner 多样性指数（H′）从上游至下游基本呈逐步降低趋势，Pielou 均匀度指数（J）各断面基本一致。

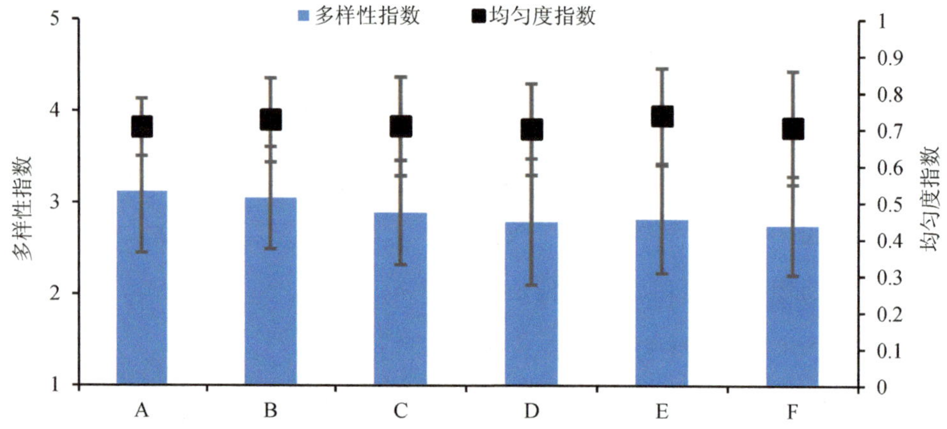

图 3-21　大伙房水库浮游动物多样性指数的水平分布图

大伙房水库多样性指数调查期间垂直分布如图 3-22 所示，Shannon-Weaner 多样性指数（H′）由表层到底层总体呈增加趋势，底层达到最大，各水层之间差异不显著；Pielou 均匀度指数（J）表层较高，然后由中上层至底层逐步增大，各水层之间差异不显著。

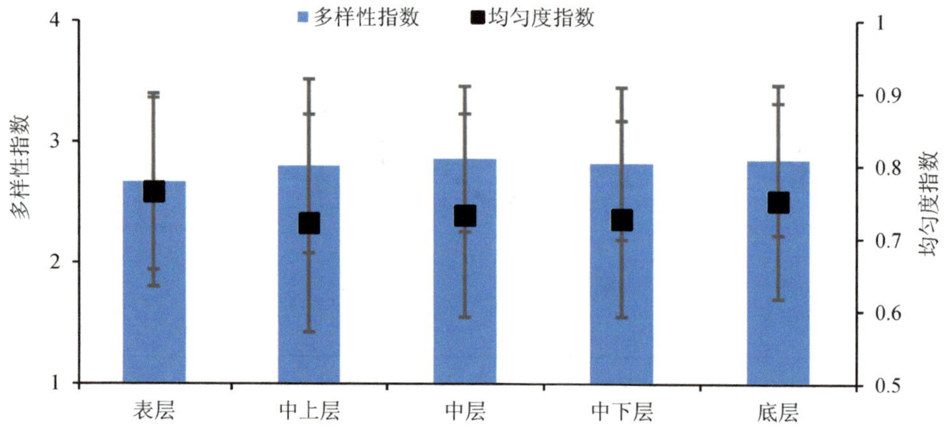

图 3-22　大伙房水库浮游动物多样性指数的垂直分布图

3.3.4　底栖动物现状及变化趋势

（1）年际变化情况

大伙房水库库区设有 5 个底栖动物例行监测点位，分别为浑 7 左、浑 7 右、浑 37 左、浑 37 右和浑 73；采样频次基本为枯水期、丰水期、平水期各一次。“十二五”期间，大伙房水库共检出底栖动物 21 种，以环节动物为主。监测点位具体位置见图 3-1。

2011—2015 年，各点位的底栖动物监测结果见表 3-9。

表 3-9　大伙房水库库区底栖动物监测结果一览表

采样点	年份	月份	种类数	生物密度（个/m^2）	优势种名称	优势种占总数比例/%	多样性指数
浑7左	2011	5	3	208	水丝蚓	46.15	1.46
		7	3	256	瑞士水丝蚓	56.25	1.37
		10	4	192	水丝蚓	41.67	1.78
	2012	4	4	336	羽摇蚊	38.10	1.90
		7	5	800	羽摇蚊、霍甫水丝蚓	24.00	2.30
		10	4	208	水丝蚓	38.46	1.92
	2013	5	2	918	霍甫水丝蚓	83.66	0.64
		10	3	144	水丝蚓	44.44	1.53
	2014	4	2	980	霍甫水丝蚓	81.63	0.69
		10	3	176	水丝蚓	54.55	1.44
	2015	4	2	96	霍甫水丝蚓	83.33	0.99
		10	2	144	瑞士水丝蚓	44.44	0.65
浑7右	2011	5	3	288	水丝蚓	50.00	1.46
		7	3	288	水丝蚓	50.00	1.46
		10	4	272	水丝蚓	58.82	1.55
	2012	4	4	240	水丝蚓	40.00	1.89
		7	4	464	瑞士水丝蚓	41.38	1.87
		10	4	304	水丝蚓	52.63	1.72

采样点	年份	月份	种类数	生物密度（个/m²）	优势种名称	优势种占总数比例/%	多样性指数
浑7右	2013	5	2	780	霍甫水丝蚓	65.64	0.93
		10	4	192	水丝蚓	41.67	1.89
	2014	4	2	626	瑞士水丝蚓	58.79	0.98
		10	3	112	水丝蚓	42.86	1.56
	2015	4	2	352	瑞士水丝蚓	54.55	1.00
		10	2	64	霍甫水丝蚓、瑞士水丝蚓	50.00	0.99
浑37左	2011	5	3	320	克拉泊水丝蚓	50.00	1.23
		7	3	288	克拉泊水丝蚓	55.56	1.35
		10	5	224	水丝蚓	57.14	1.85
	2012	4	4	176	水丝蚓	36.36	1.94
		7	5	656	霍甫水丝蚓	29.27	2.27
		10	4	288	水丝蚓	55.56	1.68
	2013	5	2	768	霍甫水丝蚓	66.67	0.92
		10	4	224	水丝蚓	42.86	1.88
	2014	4	2	1 244	霍甫水丝蚓	62.70	0.95
		10	4	144	水丝蚓	44.44	1.84
	2015	4	3	448	霍甫水丝蚓、瑞士水丝蚓	35.71	1.55
		10	3	192	霍甫水丝蚓	41.67	1.58
浑37右	2011	5	5	576	水丝蚓	33.33	2.11
		7	5	480	水丝蚓	33.33	2.15
		10	3	240	水丝蚓	66.67	1.24
	2012	4	4	288	羽摇蚊	33.33	1.95
		7	3	464	瑞士水丝蚓	37.93	1.57
		10	4	336	水丝蚓	47.62	1.82
	2013	5	3	864	霍甫水丝蚓	51.85	1.37
		10	4	208	水丝蚓	38.46	1.92

采样点	年份	月份	种类数	生物密度（个/m²）	优势种名称	优势种占总数比例/%	多样性指数
浑37右	2014	4	3	868	羽摇蚊	48.39	1.44
		10	4	320	水丝蚓	40.00	1.87
	2015	4	3	224	霍甫水丝蚓	71.43	1.53
		10	3	208	霍甫水丝蚓	46.15	1.09
浑73	2011	5	4	336	水丝蚓	47.62	1.80
		10	4	224	水丝蚓	42.86	1.79
	2013	5	3	800	苏氏尾鳃蚓	60.00	1.37
	2015	4	1	80	霍甫水丝蚓	100.00	0.00

2011—2015年枯水期、平水期，各点位底栖动物多样性指数计算结果见表3-10。

表 3-10　大伙房水库底栖动物多样性指数计算结果一览表

监测点位	4—5 月（枯水期）					10 月（平水期）				
	2011年	2012年	2013年	2014年	2015年	2011年	2012年	2013年	2014年	2015年
浑 7 左	1.46	1.90	0.64	0.69	0.99	1.78	1.92	1.53	1.44	0.65
浑 7 右	1.46	1.89	0.93	0.98	1.00	1.55	1.72	1.89	1.56	0.99
浑 37 左	1.23	1.94	0.92	0.95	1.55	1.85	1.68	1.88	1.84	1.58
浑 37 右	2.11	1.95	1.37	1.44	1.53	1.24	1.82	1.92	1.87	1.09
浑 73	1.80		1.37		0.00	1.79				

2011—2015年枯水期、平水期，各点位底栖生物多样性指数变化趋势见图3-23、图3-24。

由图可知：

①2011年、2013年、2014年监测数据，多样性指数总体呈现平水期大于枯水期的趋势；2012年、2015年监测数据多样性指数差异不显著，基本为枯水期大于或持平于平水期水平。

②在枯水期，多样性指数 2013 年最低、2011—2012 年偏高；在平水期，多样性指数 2015 年最低，其余年份差异不显著。

③平水期各监测点位多样性指数差异不显著，枯水期整体呈水库下游多样性指数有所降低的趋势。

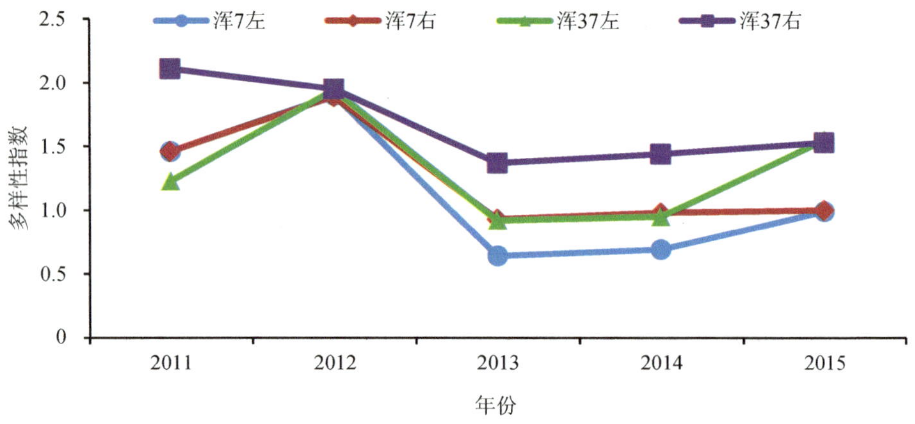

图 3-23　大伙房水库库区各点位底栖动物多样性指数趋势图（枯水期）

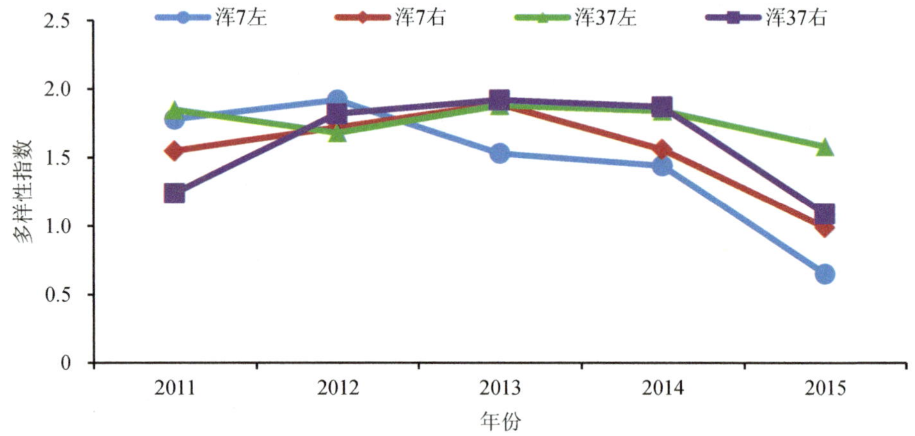

图 3-24　大伙房水库库区各点位底栖动物多样性指数趋势图（平水期）

（2）年内变化情况

根据《大伙房水库水生生物多样性及其鱼产力研究》，底栖动物现状及变化趋势具体如下。

①底栖动物种类组成

本次调查共发现底栖动物 50 种，分属 4 门 4 纲。其中节肢动物门昆虫纲 20 属 40 种，种数占比 80%；环节动物门寡毛纲 4 属 7 种，种数占比 14%；线形动物门线形纲 1 属 1 种，种数占比 2%；软体动物门瓣鳃纲 1 属 2 种，种数占比 4%。

水库中出现种类在各门中分布情况见图 3-25。

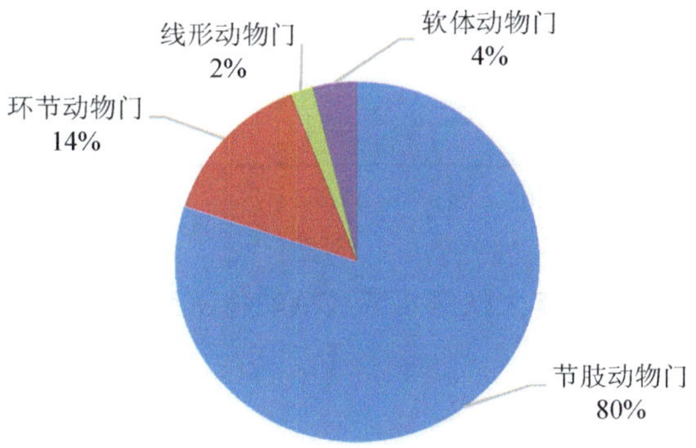

图 3-25　大伙房水库底栖动物各门类物种组成比例图

②底栖动物优势种

大伙房水库底栖动物优势种类以昆虫纲摇蚊幼虫为主，寡毛纲次之。其中 8 月克拉泊水丝蚓（*Limnodrilus claparedianus*）和 12 月菱跗摇蚊属（*Clinotanypus* sp.）优势度较大，分别为 0.33 和 0.40。以出现次数/调查次数≥40%统计，常见种类有：奥特开水丝蚓（*Limnodrilus uderemianus*）、克拉泊水丝蚓（*Limnodrilus claparedianus*）、瑞士水丝蚓（*Limnodrilus helveticus*）。

③底栖动物密度和生物量

大伙房水库底栖动物的平均密度是 105.14 ind/m^2，生物量平均为 0.436 1 mg/m^2。密度、生物量均在 2015 年 6 月最低，分别为 21.00 ind/m^2、0.128 6 mg/m^2。密度、生物量最高出现在 2015 年 12 月，分别为 188.00 ind/m^2、0.925 9 mg/m^2。

2015 年大伙房水库底栖动物密度、生物量时间变化情况见图 3-26。

从水平分布来看，大伙房水库底栖动物中游最高，密度、生物量分别为 176.00 ind/m^2、0.476 7 mg/m^2，上下游较低，具体见图 3-27。

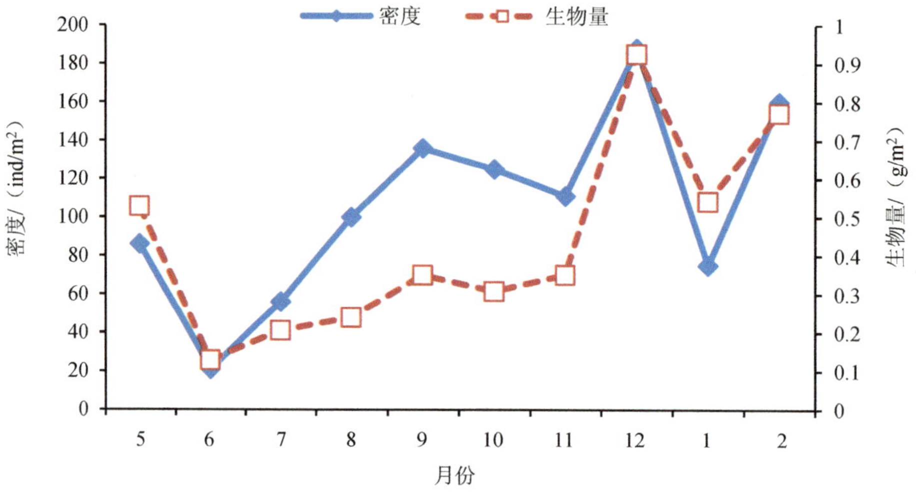

图 3-26　2015 年大伙房水库底栖动物密度、生物量时间变化图

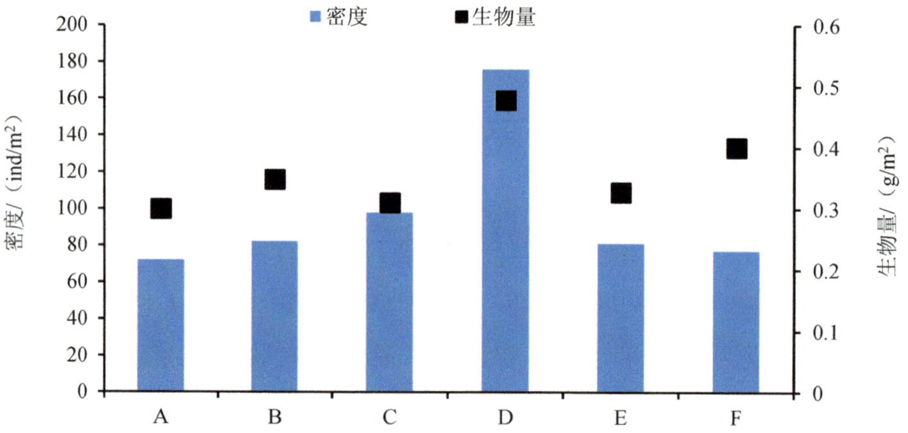

图 3-27　大伙房水库底栖动物密度、生物量水平变化图

④底栖动物多样性指数

大伙房水库底栖动物 Shannon-Wiener 多样性指数和 Pielou 均匀度指数的变化规律见图 3-28 和图 3-29，其与密度、生物量的变化规律相似，在时间分布上，秋、冬两季较高，在水平分布上，中游较高，上下游较低。调查期间大伙房水库底栖动物 Shannon-Wiener 多样性指数平均为 0.632，其中最高出现在 2015 年 12 月，为 1.021，最低出现在 2015 年 6 月，为 0.281；Pielou 均匀度指数平均为 0.302，最高出现在 10

月，为 0.424，最低出现在 6 月，为 0.151。

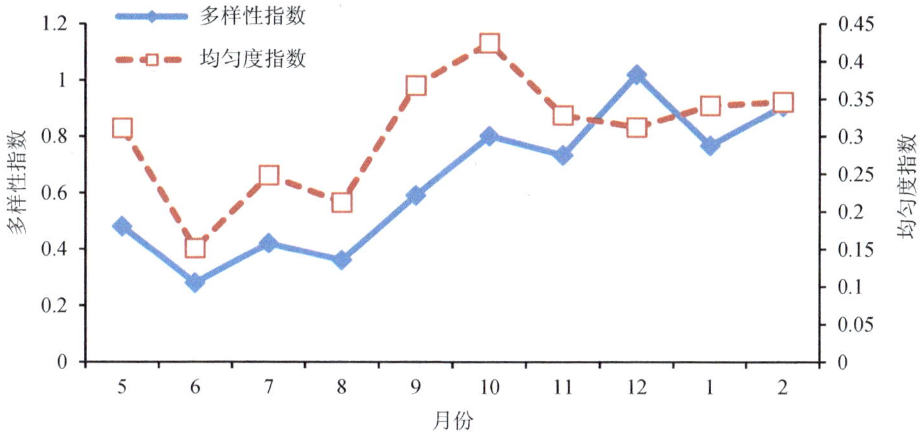

图 3-28　大伙房水库底栖动物多样性指数时间变化图

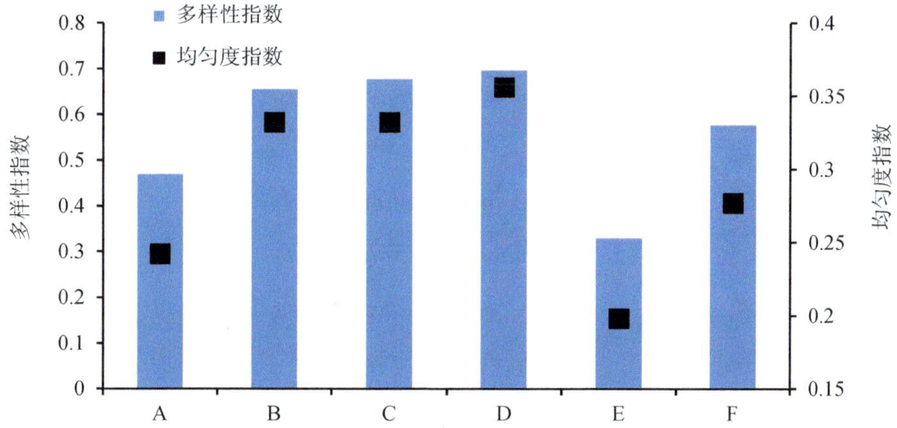

图 3-29　大伙房水库底栖动物多样性指数水平变化图

3.3.5　鱼类现状及变化趋势

根据 2013 年对大伙房水库库区及 3 条主要入库河流（浑河、苏子河、社河）的鱼类调查结果，共监测到鱼类 7 目 12 科 36 属 43 种，包括：东北七鳃鳗、宽鳍鱲、中华细鲫、马口鱼、瓦氏雅罗鱼、拉氏鱼岁、丁鱼岁、青鱼、草鱼、餐条、达氏鲌、翘嘴红鲌、鳊、鲂、团头鲂、细鳞鲴、高体鳑鲏、唇䱻、花䱻、麦穗鱼、棒花鱼、棒花鮈、拟鮈、鲤鱼、建鲤、德国镜鲤、鲫鱼、鳙鱼、鲢鱼、北方须鳅、北方花鳅、泥鳅、大鳞副泥鳅、黄颡鱼、鲇、怀头鲇、池沼公鱼、大银鱼、青鳉鱼、九棘刺鱼、黄黝、子陵吻鰕虎鱼、乌鳢。其中，主要经济鱼类为鳙鱼、鲫鱼、鲢鱼、鲤鱼、草鱼、青鱼、鲶鱼等。

《大伙房水库水生生物多样性及其鱼产力研究》于2015年5月至2016年4月在大伙房水库内布设了16个点位，对水库内的鱼类现状进行了采样调查，共发现鱼类13种，其中：鲤科11种、银鱼科1种、鲿科1种，具体见表3-11。其中，鲢鱼、鳙鱼为大伙房水库主要增殖品种，约占增殖总量的85%；每年10月投放鱼苗40 t左右，其中鳙鱼约占增殖总量的58%、鲢鱼约占增殖总量的27%，规格为35～100 g/尾。

表3-11　大伙房水库主要鱼类组成一览表

序号	物种名	拉丁学名	科属
1	鲢鱼	*Hypophthalmichthys molitrix*	鲤科，鲢属
2	鳙鱼	*Hypophthalmichthys nobilis*	鲤科，鳙属
3	鲤鱼	*Cyprinus carpio*	鲤科
4	花䱻	*Hemibarbus maculatus Bleeker*	鲤科，䱻属
5	团头鲂	*Megalobrama amblycephala*	鲤科，鲂属
6	鲫鱼	*Carassius auratus*	鲤科，鲫属
7	青鱼	*Mylopharyngodon piceus*	鲤科，青鱼属
8	鳑鲏	*Rhodeinae bitterlings*	鲤科，鳑鲏亚科
9	草鱼	*Ctenopharyngodon idellus*	鲤科，草鱼属
10	餐条	*Hemiculter leucisculus*	鲤科，鲌亚科
11	马口鱼	*Opsariicjthys bidens*	鲤科，马口鱼属
12	尖银鱼	*Hemisalanx prognathus*	银鱼科
13	黄颡鱼	*Pelteobagrus fulvidraco*	鲿科，黄颡鱼属

第4章

湖泊生态服务功能调查

大伙房水源保护区主要的生态服务功能为饮用水服务功能，同时具有水产品供给、栖息地服务、拦截净化和人文景观功能。

4.1 饮用水服务功能调查

2011—2015 年，大伙房水库作为辽宁省最重要的集中式饮用水水源，每年都会对水库水质进行一次全分析，并形成《集中式饮用水水源环境状况评估报告》上报上级政府备案。

监测频次为每月 1 次；每年的 7 月对水库水质进行一次全分析，监测项目有 111 项，包括《地表水环境质量标准》（GB 3838—2002）表 1 中 24 项、表 2 中 5 项、表 3 中 80 项以及叶绿素和透明度，并进行了富营养状态分级；其他月份的监测项目有 66 项，包括《地表水环境质量标准》（GB 3838—2002）表 1 中 24 项、表 2 中 5 项、表 3 中前 35 项以及叶绿素和透明度，并进行了富营养状态分级。

监测结果表明：

——2011 年：除总磷、总氮外，其余各项监测因子均能够达到《地表水环境质量标准》（GB 3838—2002）Ⅱ类要求；总磷最大超标倍数为 0.36、超标率为 25%，总氮最大超标倍数为 5.28、超标率为 100%；总氮的质量浓度值范围为 2.09～3.14 mg/L，为劣Ⅴ类水质；评价结果为“基本达标”。

——2012 年：除总磷、总氮外，其余各项监测因子均能够达到《地表水环境质量标准》（GB 3838—2002）Ⅱ类要求；总磷最大超标倍数为 0.20、超标率为 8%，总氮最大超标倍数为 5.34、超标率为 100%；总氮的质量浓度值范围为 1.40～3.17 mg/L，部分月份为劣Ⅴ类水质；评价结果为“基本达标”。

——2013 年：除高锰酸盐指数、总磷、总氮外，其余各项监测因子均能够达到《地表水环境质量标准》（GB 3838—2002）Ⅱ类要求；高锰酸盐指数最大超标倍数为 0.05、超标率为 17%，总磷最大超标倍数为 16.20、超标率为 42%，总氮最大超标倍数为 5.82、超标率为 100%；总氮的质量浓度值范围为 1.30～3.41 mg/L，部分月份为劣Ⅴ类水质。

——2014 年：除总磷、总氮外，其余各项监测因子均能够达到《地表水环境质量标准》（GB 3838—2002）II 类要求；总磷最大超标倍数为 6.20、超标率为 58%，总氮最大超标倍数为 4.54、超标率为 100%；总氮的质量浓度值范围为 1.51～2.77 mg/L，部分月份为劣 V 类水质；评价结果为“基本达标”。

——2015 年：除总磷、总氮外，其余各项监测因子均能够达到《地表水环境质量标准》（GB 3838—2002）II 类要求；总磷最大超标倍数为 0.20、超标率为 8%，总氮最大超标倍数为 3.74、超标率为 100%；总氮的质量浓度值范围为 1.10～2.37 mg/L，部分月份为劣 V 类水质；评价结果为“基本达标”。

《集中式饮用水水源环境状况评估报告》是按照III类水质标准进行的评价，超标因子为总磷、总氮，评价结果为“基本达标”，达标率为 100%；本次评估是按照 II 类水质标准进行的评价，除 2013 年 9 月、10 月高锰酸盐指数超标（洪水影响导致的）外，超标因子均为总磷、总氮。

4.2 水产品供给服务功能调查

大伙房水库于 1959 年投入使用，当年中央批拨给辽宁省鲢鳙鱼水花 3 250 碗，辽宁省水产局调拨给大伙房水库养殖总场 250 碗。同年 6 月开始，从湖北省汉口运输到大伙房水库养殖场进行鱼种培育，随之购置了捕捞生产的船只及网具等设备，开始了渔业生产。建场近 60 年来，先后建成配套鱼池 15 hm^2，具备了养殖、捕捞、冷冻、销售及饵料加工等综合生产能力。20 世纪 80 年代中期，成立了公安派出所、渔政管理组织，渔业生产稳步发展。

2010 年以来，大伙房水库逐步取缔了网箱和围栏养殖，充分依托水库优良的水质、充沛的水量、丰富的天然饵料等资源优势，从事开放式淡水渔业生产，是全国知名、辽宁最大的淡水鱼养殖基地。

目前，大伙房水库年平均捕捞产量达到 125 万 kg，年平均收入在 3 000 万元以上。产品主要有青鱼、草鱼、鲢鱼、鳙鱼（胖头鱼）、鲤鱼、鲫鱼、团头鲂（武昌）、黑鱼、鲶鱼、黄颡（嘎鱼）、翘嘴红鲌（大白鱼）、红鳍鲌（麻鲢）、餐条（尖嘴）、重唇鱼（虫虫鱼）、甲鱼、河虾等。

大伙房水库鱼类全部摄食天然饵料，无须投喂，自然生长，无化学形成的农药、化肥、激素、抗生素、渔药、生长调节剂、饲料添加剂等物质的污染及残留，无转基因鱼种的投入，大伙房水库鱼类的生长周期是常规鱼的3～5倍，肉质细嫩，口感纯正，富含多种人体必需的高蛋白、氨基酸、维生素、矿物质，是东北特有的名贵鱼类，素有淡水鱼王“大伙房”之美誉，深受广大消费者的青睐，先后被国家认证为无公害食品、AA级绿色食品、有机食品，打造了“大伙房牌生态河鱼”品牌，销往辽宁、吉林、黑龙江、河北、山东、北京、天津等省（市）。

4.3 栖息地服务功能调查

湖泊水库是野生动植物、鱼类及候鸟等生物的栖息地，对维持生物多样性具有重要的作用。

大伙房水库植物种类较为丰富，有木本植物266种，草本植物722种，其中国家级保护野生植物14种。木本植物共有43科95属266种，其中：裸子植物银杏科、紫杉科、松科、柏科4科8属26种；被子植物杨柳科、胡桃科、桦木科等39科87属240种。草本植物共有90科35属722种。

大伙房水库共有鱼类40种，其中，青、草、鲢、鳙、团头鲂系人工投放的，鳡鱼、戴氏红鲌、尖头红鲌系人工带入的，其他种类系水库及河道自然繁殖；主要经济鱼类有5种，即白鲢、花鲢、鲤鱼、鲫鱼、草鱼。

大伙房水库区域有鸟类91种，隶属15目35科，其中留鸟37种、夏候鸟35种、冬候鸟8种、旅鸟11种。

水库区域其他生物资源也较为丰富，其中两栖动物3科10种、爬行动物3科13种、兽类15科33种。

4.4 拦截净化功能调查

大伙房水库是由库区水体及周围山体组成的复合湿地生态系统，是天然的储水载体及净化工程。水库湖岸线基本以天然岸线为主，人工干扰程度较小，周围山体植被茂密高大，以乔木阔叶林为主，树冠下形成茂密的灌木丛，形成了森林、疏林和草地的生态屏障，阻断了外界人为活动的干扰，减少了外界人为活动对保护区的污染，形成了相对封闭的自然空间。

由于库区周围山体基本被林草植被全覆盖，浑河（清原段）、苏子河和社河的入库口分布有水生挺水植物，同时建设有一级保护区隔离网、水库漂浮物拦截等工程，都对保护区内污水排放、农田退水、水土流失等起到了缓冲、拦截和净化的作用。

4.5 自然保护区功能调查

大伙房保护区内现有自然保护区 3 个，分别为抚顺三块石省级自然保护区、抚顺猴石省级自然保护区、抚顺清原浑河源省级自然保护区。

（1）抚顺三块石省级自然保护区

抚顺三块石省级自然保护区位于抚顺县后安镇佟庄子村和汤图满族乡三块石村境内，距离抚顺约 52 km，距离沈阳约 97 km，距离本溪约 44 km，与高速公路相连，交通十分便捷。

保护区占地面积约为 104.34 km^2，有山峰 112 座，主峰海拔约为 1 131 m，1 km 以上的山峰有石棚峰、三块石峰、四花顶峰，构成了三峰鼎立之奇观，且因在高山之巅有三块巨石相依相拥、昂然剑立、直入云端而扬名。保护区集雄、险、奇、峻、雅、幽、清于一体，群山绵亘、千峰竞秀、林莽沧桑、山清水秀，森林覆盖率高达 92%，素有“天然物种基因库”“北方温带雨林”之美誉。

保护区内景点众多，有白龙潭瀑布、神龟出潭、鸽子洞、比丘洞、骆驼峰、小三块石、聚仙洞、大三块石、三块石水库等，众多的景点犹如一幅美妙绝伦的自然山水画。

（2）抚顺猴石省级自然保护区

抚顺猴石省级自然保护区位于新宾县木奇镇，占地面积约为 110.90 km^2。保护区为东西走向的狭长山谷地形，地势西高东低，地表坡度多在 10°～36°。区内峰峦突起，沟壑纵横，平均海拔 500 m 左右，最高峰为碰子沟，海拔约为 962 m，也是典型的冰川地貌。

保护区内植物资源丰富，现有森林主要为原始次生林和人工林，各类植物 118 种。其中，药用类植物 64 种、木材类植物 15 种、纤维类植物 5 种、饲米类植物 7 种、野果酿造类植物 18 种、野果类植物 3 种、芒香植物 4 种、食用色素植物 1 种，其中有国家一级保护植物——天女木兰。

保护区内动物资源繁多，主要有野猪、狍子、狐狸、獾、野兔、松鼠等；鸟类有灰喜鹊、杜鹃、水鸭子、野鸡、猫头鹰、麻雀等。

保护区内自然景观独具特色。大自然化育的山体、峰峦、幽谷、峭石和林海构成了一幅瑰丽的天然画卷，具有“奇峰峭列、溪涧流香、草木竞秀、野趣盎然”的自然风貌和生态环境。

（3）抚顺清原浑河源省级自然保护区

抚顺清原浑河源省级自然保护区地处老龙岗北坡，为浑河源头区，位于清原县湾甸子镇和大苏河乡境内，保护区占地面积约为 189.31 km^2。保护区的建立对保护浑河上游的森林植被、保持水土、涵养水源、调节气候、防洪、抗旱及保障浑河下游抚顺、沈阳等城市生活和工农业供水都具有重要的生态保障作用。

保护区内森林面积约为 17 195.7 hm^2，森林蓄积约为 178 314 m^3，森林覆被率达 91%。其中针叶林面积约为 4 202.3 hm^2，约占 24.4%；阔叶林面积约为 12 175.4 hm^2，约占 70.8%；针阔混交林只占 4.8%。按森林起源分布，天然林面积约为 12 179 hm^2，约占 70.8%；人工林面积约为 5 016.7 hm^2，约占 29.2%。这一地区不仅林木古老、茂密，而且植被、土壤、森林生境都有明显的原始林立地条件的特征。

保护区地处浑河源头区，山高林密，属长白植物区系，是森林野生动植物物种较多的地区。有植物 102 科 417 属 1 112 种，主要木本植物有 32 科 153 种，草本植物 60 科 242 种。代表性的木本植物有红松、油松、云杉、冷杉、长白落叶松、柞树、色树、水曲柳、黄菠萝、胡桃楸、花曲柳、山怀、椴树、山桃、榆树、杨树、卫茅等；代表性灌木有榛子、胡枝子、悬钩子、忍冬、茶条槭、荚迷、山梅花等。珍稀植物有东北刺人参、天女木兰等。草本植物中蕨类、毛茛科、蔷薇科、豆科、菊科、禾本科、莎草科分布较多，人参已成珍稀品种。

保护区动物区系属古北界、东北亚界长白山地亚区，区内有主要野生动物 53 科 176 种，森林昆虫 2 000 余种。野猪、狍子、狐狸、狼、獾、雉鸡、山兔等尚是常见的动物；黑熊几年前还偶有所见，但近年已无踪迹。

4.6 人文景观功能调查

保护区内的人文景观主要包括萨尔浒风景名胜区、赫图阿拉城和清永陵。

（1）萨尔浒风景名胜区

萨尔浒风景名胜区原名大伙房水库风景区，1982 年改为萨尔浒风景名胜区。“萨尔浒”是满语，汉译为“木橱”，意思是此山森林茂密、物产丰富、取之不尽，是以大伙房水库清澈的水面为中心，以沿水库四周的群山、岛屿为框架的大型山水名胜园林。萨尔浒的山水景观无论春夏秋冬还是阴晴雨雪，都能使人心旷神怡、流连忘返，被誉为镶嵌在辽东大地上的一颗风景明珠。萨尔浒风景名胜区按地理分布又分为白龙山、王杲山、德古湾、莲花岛、营盘三岛、萨尔浒山、元帅林、铁背山 8 个游览区，每个游览区都独具特色、各有千秋。

（2）赫图阿拉城

赫图阿拉城位于新宾县永陵镇，是辽宁省重点文物保护单位、国家 AAAA 级旅游景区，西距清永陵 5 km。“赫图阿拉”是满语，汉意为“横岗”，即平顶小山岗。

赫图阿拉城不仅因清太祖努尔哈赤出生于此而享誉神州，更因这里曾是满清第一国都而蜚声海内外。赫图阿拉城分内外两城，城垣由土、石、木杂筑而成。内城东西长 551 m、南北宽 512 m，占地 24.6 万 m^2，内城墙周长 2 027 m；主要建有汗宫大衙门（俗称“金銮殿”）、正白旗衙门、汗王井、关帝庙、满族民居、塔克世故居、八旗衙门、协领衙门、文庙、昭忠祠、刘公祠、启运书院、城隍庙等一大批古建筑群及遗址等。外城东西 1 335 m、南北 1 352 m，占地约 155.9 万 m^2，外城墙周长 5 230 m；主要遗址有驸马府、铠甲制造场、弧矢制造场、仓廒区等。外城外（中华满族风情园）建有显佑宫（玉皇庙）、地藏寺、满族民俗博物馆、满族老街、满族历史文化长廊等古建筑群，东南有堂子，西北有点将台与校军场等遗址。

赫图阿拉城是后金开国的第一都城，也是中国历史上最后一座山城式都城，更是迄今保存最完善的女真族山城，是后金政治、经济、军事、文化、外交的中心，被视为清王朝发祥地、满族兴起的摇篮。城内有清王朝第一座关帝庙、孔庙（文庙）等七大庙宇，500 多年前的汗王井，是中国罕见的明代早期木结构泉水井。它首创布椽筑城法，开创了大清建都之制等，在研究清前史、艺术、社会、文化、经济等方面具有无可替代的价值。

（3）清永陵

清永陵是清朝皇帝的祖陵，位于新宾县永陵镇西北启运山脚下。清永陵北依启运山，南临苏子河，对峙烟筒山。

陵内葬有努尔哈赤的六世祖猛哥帖木儿、曾祖福满、祖父觉昌安、父亲塔克世及伯父礼敦、叔父塔察篇古以及他们的福晋，始建于 1598 年（明万历二十六年）。1634 年（后金天聪八年）称兴京陵，1659 年（清顺治十六年）尊为永陵。1682—1829 年，康熙、乾隆、嘉庆、道光等皇帝曾先后九次亲来永陵祭祖。永陵是中国现存规模较大、体系较完整的古代帝王陵寝建筑群。

清永陵由陵前参拜道、下马石碑、前院、方城、宝城、省牲所等几部分组成。陵前参拜道南北长 840 m，以黄沙铺垫。参拜道南北两端之左右各立下马石碑一甬。碑阳竖书阳刻汉、满、蒙、回、藏五体“诸王以下官员人等至此下马”文字。参拜道中央原有一座小桥，名玉带桥，草仓河由后堡绕陵前过玉带桥西流入西堡龙头月牙泡。因该河在陵前呈内弓形，似御带围腰，故称御带河。清永陵在建筑形制、布局、造型、工艺上都有自己的建筑特点和艺术特色。1988 年被公布为全国重点文物保护单位，2004 年被列入世界文化遗产名录。

第5章

湖泊流域生态环境保护调查

5.1 环保投入调查

环境保护资金投入是落实环境保护基本国策、实施社会经济可持续发展的重要保证。近年来，保护区认真贯彻落实党的十八大精神和科学发展观，按照《国务院关于投资体制改革的决定》（国发〔2004〕20 号）和《关于充分发挥财政职能，进一步加强环境保护工作的通知》（财工字〔1995〕152 号）要求，以“多渠道、多形式、多领域融通资金，加快区域经济转型和结构调整”为目标，加快环境建设市场化进程。

在完成保护区经济转型和结构调整的同时，不断调整优化产业结构，完善市场体系，逐步扩大市场准入范围，逐步拓宽环境保护投资渠道，切实发挥环境保护资金的使用效益，严格执行收支两条线管理，保护区环境保护投入资金逐年增加，乡镇、农村环境面貌日新月异，不断改善，实现了经济、社会和环境协调统一、快速发展。

“十二五”期间，保护区内生态补偿资金和综合治理资金的投入情况具体见表5-1。

由表 5-1 可见，“十二五”期间保护区内的环境保护资金总额为 16.92 亿元，占五年 GDP 总和的比例为 1.69%，其中，中央资金为 12.00 亿元，占资金总额的 70.9%；地方资金为 4.93 亿元，占资金总额的 29.1%。

环境保护资金投入主要集中在 2014 年和 2015 年，资金总额为 12.77 亿元，占五年环境保护资金总额的比例为 75.5%，其中，中央资金为 7.85 亿元，占两年资金总额的 61.4%；地方资金为 4.93 亿元，占两年资金总额的 38.6%。

环境保护资金投入构成及占 GDP 比重具体见图 5-1。

2014—2015 年，保护区内综合治理资金投入（包括抚顺市及省直部门两部分）分类情况见表 5-2。

表 5-1 保护区内环境保护资金投入情况一览表

单位：万元

年度	中央资金							省级资金			合计	
	生态补偿资金			综合治理资金			小计	综合治理资金				
	东部生态重点区域补偿	跨市集中式地表水饮用水水源补偿	小计	抚顺市	省直部门	小计		抚顺市	省直部门	小计	数值	占 GDP 百分比%
2011	7 856		7 856	4 925	70	4 995	12 851				12 851	0.73
2012	7 856	3 210	11 066	3 830	1 420	5 250	16 316				16 316	0.81
2013	8 750	3 573	12 323				12 323				12 323	0.56
2014	8 750	7 300	16 050	20 229	5 370	25 599	41 649	39 634	2 529	42 163	83 812	4.01
2015	8 750	7 300	16 050	19 921	863	20 784	36 834	7 097.5		7 097.5	43 931.5	2.24
合计	41 962	21 383	63 345	48 905	7 723	56 628	119 973	46 731.5	2 529	49 260.5	169 233.5	1.69

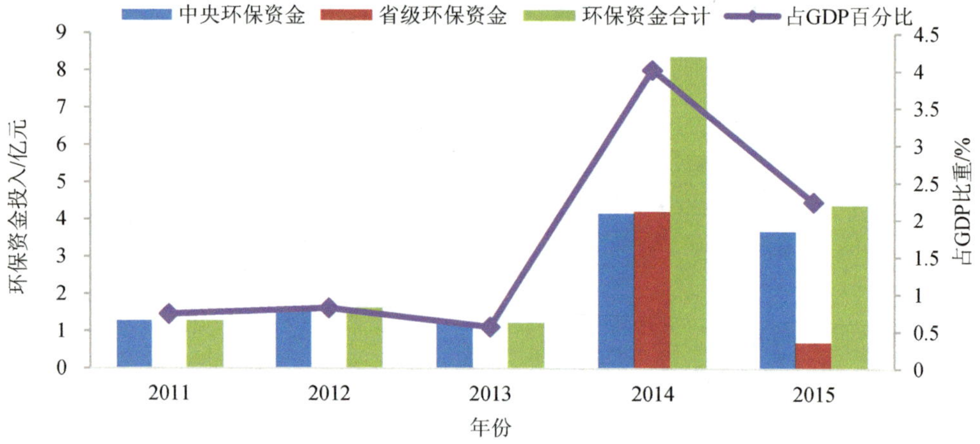

图 5-1　环境保护资金投入构成及占 GDP 比重图

表 5-2　保护区综合治理资金投入分类一览表　　单位：万元

序号	分类		2014 年			2015 年		
			中央	省级	合计	中央	省级	合计
1	一级保护区封闭管护		3 713	14 000	17 713		3 500	3 500
2	建设有机农业生产示范基地			3 888.5	3 888.5		2 855	2 855
3	畜禽养殖污染防治和生态化发展			3 644	3 644			
4	矿山综合治理和持续发展					1 722		1 722
5	完善环境基础设施		8 194	10 630	18 824	3 458		3 458
6	河道整治及生态封育		12 383	4 345	16 728	12 180		12 180
7	青山工程			3 920	3 920	2 254	742.5	2 996.5
8	工业企业整治和发展绿色生态产业							
9	环境风险防范			384.5	384.5			
10	合理规划发展旅游业、服务业							
11	其他	预警监控体系	1 309		1 309	239		239
		应急监测能力						
		安全保卫系统		1 088	1 088	863		863
		评估评审费用		263	263	68		68
合计			25 599	42 163	67 762	20 784	7 097.5	27 881.5

由表 5-2 可知，中央及省的综合治理资金在一级保护区封闭管护、完善环境基础设施、河道整治及生态封育三个方面所占份额最大，2014 年、2015 年分别占综合治理资金的 78.6%和 68.6%。

5.2 污染治理情况调查

5.2.1 村落污水收集与处理现状

针对农村环境污染的实际，结合北方气候特点，辽宁省出台了《辽宁省农村环境综合整治示范项目技术指南》（辽环发〔2010〕4 号），坚持因地制宜，形成了“六大”模式：一是生活垃圾村收集—镇转运—县处理的城乡一体化模式；二是生活垃圾分类—制燃气、沼气的就地处理和资源化模式；三是发达集镇（中心村）的污水集中处理模式，农村与城市共用污水处理厂；四是分散村屯生活污水排放系统（边沟）加氧化塘处理模式，村庄布局分散、人口规模较小、地形条件复杂、污水不易集中收集的采用一家一户分散式小型湿地处理工艺或小型湿地、沼气净化池和小型净化槽等分散处理技术；五是畜禽粪便大型沼气资源化利用模式，利用集中沼气工程无害化处理畜禽粪便、生活垃圾和污水处理厂污泥，发展农村清洁能源和生态农业的“三合一”技术；六是畜禽粪便区域有机肥厂处理模式，采用将畜禽粪便和秸秆进行科学配比、发酵等技术生产有机肥。

为保障大伙房水库供水安全，将大伙房水库周围以及浑河、苏子河和社河流域设定为农村环境整治的重点区域。“十二五”期间，保护区内持续开展了“农村环境连片整治”项目，项目涵盖饮用水水源保护、生活污水处理、生活垃圾处理、畜禽养殖污染治理 4 类。保护区内共有 254 个行政村，基本全部开展了“农村环境连片整治”工作。

其中村落污水收集与处理方案为：村庄农户坐落分散，采取修砌排污明渠对生活污水进行收集，流入氧化塘进行净化处理；农户坐落相对集中，采取铺设收集管网的方式对生活污水进行收集，流入小型污水处理站进行净化处理。这些污水中的主要污染物有化学需氧量、生化需氧量、洗涤剂等，污水的收集处理效率能够达到

60%以上，处理后的污水就近排放，分解后产生的剩余污泥干化处理后作为农肥施用于农田，这一措施有效改善了农村环境“脏、乱、差”的现象。

5.2.2 村落垃圾收集与处理现状

“十二五”期间，“农村环境连片整治”项目生活垃圾处理是按照“村收集—乡（镇）转运—县处理”的思路，在各行政村设置生活垃圾箱（桶）、垃圾存放点、垃圾清运车和垃圾发酵池，保证农村垃圾得到有效的收集处理。

农户将生活垃圾倒入垃圾箱，由专职人员运至垃圾堆存点进行分类，有机垃圾进入垃圾发酵池进行发酵，用于农田施肥；无机垃圾运至垃圾填埋场；可回收垃圾进行回收再利用。农村垃圾的收集处理效率能够达到70%以上。

5.2.3 人畜粪便收集与处理现状

对于规模化畜禽养殖，按照分区整治的原则，一级保护区划定为禁养区，二级保护区划定为限养区，准保护区发展生态养殖，同时积极发展有机肥产业，实现畜禽养殖粪便资源化、无害化处置利用。保护区内现有规模化养殖场（小区）426家、养殖专业户2 297家，其中88个规模化养殖场（小区）、养殖专业户（抚顺县16个、清原县38个、新宾县34个）完成了升级改造，通过建设与养殖规模相适应的粪便堆放、污水贮存处理设施，确保畜禽粪便、污水在防渗漏、防雨淋、防外溢的条件下经过充分发酵等，全部作为有机肥资源化还田利用。88个规模化养殖场（小区）、养殖专业户完成升级改造后，保护区内规模化畜禽养殖的粪尿使用率为猪 46.5%、肉牛11.8%、肉鸡36.6%；未改造的养殖企业也已经列入了改造计划。

“十二五”期间，“农村环境连片整治”项目在各行政村建设了储粪池，对于农村生产生活及散养畜禽产生的人畜粪便进行收集后发酵，发酵成熟后施用到农田；储粪池对于人畜粪便的收集处理效率能够达到60%以上。

5.2.4 城镇生活污水收集与处理现状

保护区内已经建成的城镇及乡镇污水处理厂具体情况见表5-3。

表 5-3 保护区内已建成的城镇及乡镇污水处理厂情况一览表

类别	序号	污水处理厂名称	设计规模/（t/d）	排放标准	处理工艺	运行情况
城镇	1	红透山镇污水处理厂	5 000	一级 A	A^2/O 生化池	运行
	2	清原镇污水处理厂	20 000	一级 A	A^2/O 生化池	运行
	3	南杂木镇污水处理厂	3 000	一级 A	CASS	运行
	4	新宾镇污水处理厂	10 000	一级 A	CASS	运行
	5	永陵镇污水处理厂	3 000	一级 A	接触氧化工艺	运行
	6	后安镇污水处理厂	1 500	一级 A	BMC氧化池/水生植物塘	运行
	7	后安镇污水处理设施	1 500	一级 A	A^2/O 生化池	运行
	小计		44 000			
乡镇	1	上马镇温道村污水处理厂	300	一级 B	A/O 接触氧化法	2016 年间歇运行
	2	汤图乡汤图村污水处理站	300	一级 B	厌氧湿地	2016 年间歇运行
	3	榆树乡污水处理设施建设工程项目	150	一级 B	A/O 接触氧化法	2016 年间歇运行
	4	木奇镇污水处理系统	780	一级 B	生物转盘	2016 年间歇运行
	5	上夹河镇污水处理系统	2 000	一级 B	生物转盘	2016 年间歇运行
	6	湾甸子镇污水处理站	500	一级 B	A^2/O	2016 年间歇运行
	7	湾甸子镇污水处理设施建设工程	100	一级 B	A/O 接触氧化法	2016 年间歇运行
	8	草市镇污水处理设施建设工程项目	800	一级 B	A/O 接触氧化法	2016 年间歇运行
	9	英额门镇政府周边污水处理设施建设项目	20	一级 B	A/O 接触氧化法	2016 年间歇运行

类别	序号	污水处理厂名称	设计规模/（t/d）	排放标准	处理工艺	运行情况
乡镇	10	英额门镇小学污水处理设施建设工程	30	一级 B	A/O 接触氧化法	2016 年间歇运行
	11	敖家堡乡河西居住区污水处理设施建设工程项目	50	一级 B	A/O 接触氧化法	2016 年间歇运行
	12	敖家堡乡河东居住区污水处理设施建设工程项目	40	一级 B	A/O 接触氧化法	2016 年间歇运行
	13	栒乃甸乡政府周边污水处理设施建设工程	20	一级 B	A/O 接触氧化法	2016 年间歇运行
	14	栒乃甸乡小学污水处理设施建设工程	20	一级 B	A/O 接触氧化法	2016 年间歇运行
	15	南口前镇北口前村污水处理设施建设工程	800	一级 B	A/O 接触氧化法	2016 年间歇运行
	16	南口前镇莱河社区周边污水处理设施建设工程	600	一级 B	A/O 接触氧化法	2016 年间歇运行
	17	南口前镇政府周边污水处理设施建设工程	80	一级 B	A/O 接触氧化法	2016 年间歇运行
	18	大苏河乡污水处理设施建设工程项目	150	一级 B	A/O 接触氧化法	2016 年间歇运行
	19	南山城镇污水处理设施建设工程项目	800	一级 B	A/O 接触氧化法	2016 年间歇运行
	20	北三家乡集中居住区污水处理设施建设工程项目	150	一级 B	A/O 接触氧化法	2016 年间歇运行
	21	北三家乡政府周边污水处理设施建设项目	20	一级 B	A/O 接触氧化法	2016 年间歇运行
	22	北三家乡小学污水处理设施建设项目	15	一级 B	A/O 接触氧化法	2016 年间歇运行
	23	北三家乡林场职工社区污水处理设施建设项目	200	一级 B	A/O 接触氧化法	2016 年间歇运行
乡镇	24	红升乡政府周边污水处理设施建设工程	15	一级 B	A/O 接触氧化法	2016 年间歇运行
	25	红升乡医院污水处理设施建设工程	10	一级 B	A/O 接触氧化法	2016 年间歇运行
		合计	7 950			

2010 年，保护区内投入运行了红透山镇、清原镇、南杂木镇、新宾镇、永陵镇、后安镇 6 座污水处理厂，目前合计处理规模为 4.40 万 t/d；“十二五”期间，结合污水产生、管网建设等实际情况对其进行了改造和完善，提高其污水收水区域，并分年度实施了提标改造，使其出水满足《城镇污水处理厂污染物排放标准》（GB 18918—2002）一级 A 标准，为缓解大伙房水库上游支流河污染严重问题、保障流域下游用水安全起到了巨大作用。

另外，2014—2015 年，按照汇水区适度集中、就近收集，以及工艺上选择运行费用低、维护简便的一体化设备的总体原则，对草市镇、英额门镇、敖家堡乡、枸乃甸乡、南口前镇、大苏河乡、南山城镇、北三家镇、红升乡共 9 个乡镇以及政府、医院、学校、居民集中区等重点区域建设了 18 座污水处理设施，新增污水处理能力 3 820 t/d，实现了乡镇污水处理的全覆盖。乡镇污水处理工程均已在 2015 年年底前建设完成、验收完毕，由于部分工程污水收集及运行调试、管理、费用等实际问题，2016 年处于间歇运行状态。

5.2.5 流域内旅游业污水处理现状

一级保护区已经实现封闭管护，除常规监测采样、渔业捕捞外，不允许人员入内；二级保护区内现有 19 家农家饭店，建立时间为 1995 年，均安装了污水治理设施对排放的餐饮废水进行回用或排放；其余的旅游接待企业均位于准保护区内，大部分属于季节性服务企业，部分服务接待场所配备了污水处理设施，部分服务接待场所的污水经化粪池沉淀后排入乡镇污水处理设施或直接排入地表水体。

5.2.6 工业企业污水处理情况

保护区内“十二五”期间的工业企业整治方案为：禁止在一级保护区内新建、改建、扩建与供水设施和保护水源无关的建设项目，工业企业全部搬迁或关闭；禁止在二级保护区内新建、改建、扩建排放污染物的建设项目，工业企业全部实现污染物零排放；准保护区内环境风险小、污染轻的工业企业全部实现达标排放，经济贡献率小、环境污染重、生产工艺落后的产能和工艺全部关停。

目前，浑河（清原段）工业污染源集中于清原镇、红透山镇和南杂木镇三处；苏子河流域工业污染源集中于新宾镇和永陵镇；社河流域工业污染源较为分散。根据实际调查及污染源普查数据，保护区内现有工业企业 64 家，以矿业企业为主，全部位于准保护区范围内。

2013 年，保护区对工矿企业进行了全面整治，关闭了部分整改后仍无法满足产业政策和环保要求的工矿企业，且对新宾满族自治县万雄矿业有限公司、中国有色集团抚顺红透山矿业有限公司、抚顺清原矿业有限公司、抚顺莱河矿业有限公司、清原满族自治县锦宇隆矿业有限公司、清原满族自治县红透山镇沿水沟铁矿、抚顺东兴矿业有限公司下甸子及大东沟铁矿、清原满族自治县财源矿业有限公司等工矿企业的废水进行了治理，经过处理后的废水能够全部回用不外排，实现了废水的“零”排放。同时，部分工业企业（如抚顺海源肉禽加工有限公司等）的废水经预处理后达标排入城镇污水处理厂进行进一步处理，也是实现 2013 年废水及 COD 排放量大幅度削减的一个重要原因。目前，保护区内工业企业废水达标排放率为 100%。

5.3 产业结构调整情况调查

5.3.1 历年国内生产总值及产业结构调整情况

保护区内“十二五”期间国内生产总值总体呈增长趋势，经济总量增加了 12.0%，其中 2013 年达到最高值，2014—2015 年有所回落；国民生产总值增长率逐年下降，2014—2015 年为负增长状态，经济形势有所下滑；在各产业的比例构成中，第二产业比重逐年降低、第一产业和第三产业比重同比上升。具体情况见表 5-4 及图 5-2～图 5-5。

表 5-4　保护区内社会经济情况调查一览表

指标		2011 年	2012 年	2013 年	2014 年	2015 年
国内生产总值	总产值/万元	1 755 131	2 017 617	2 213 610	2 088 040	1 965 314
	一、二、三产业比例	1∶3.1∶1.7	1∶2.9∶1.6	1∶2.9∶1.6	1∶2.5∶1.7	1∶2.2∶1.7
	增长率/%	18.8	15.0	9.7	−5.7	−5.9
第一产业	总产值/万元	299 985	365 579	401 805	397 555	403 296
	增长率/%	29.4	21.9	9.9	−1.1	1.4
	占生产总值比例/%	17.1	18.1	18.2	19.0	20.5
第二产业	总产值/万元	934 955	1 058 148	1 161 773	1 001 811	869 419
	增长率/%	16.5	13.2	9.8	−13.8	−13.2
	占生产总值比例/%	53.3	52.4	52.5	48	44.2
第三产业	总产值/万元	520 190	593 890	650 032	688 674	692 599
	增长率/%	17.5	14.2	9.5	5.9	0.6
	占生产总值比例/%	29.6	29.4	29.4	33.0	35.2

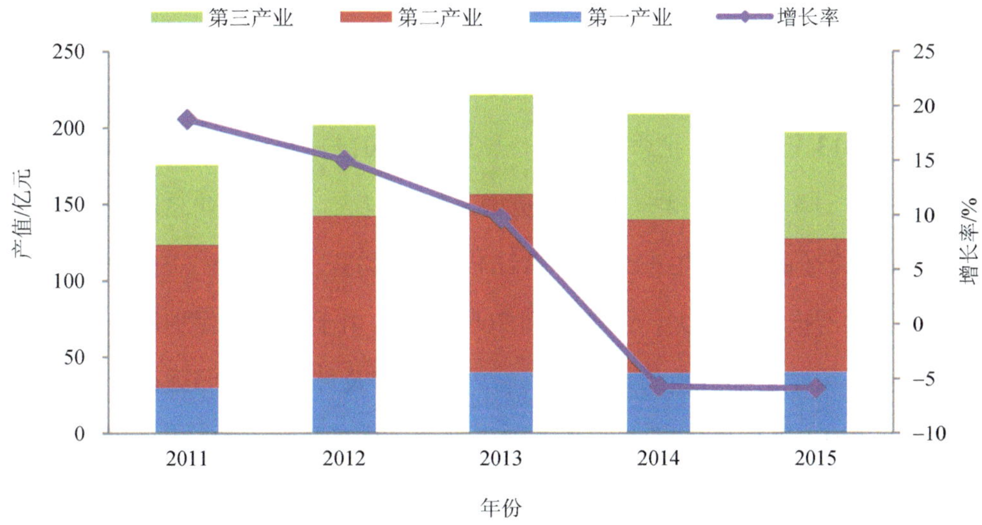

图 5-2　保护区内国民生产总值构成及增长速度

（1）第一产业生产总值、GDP 占比及增长速度

第一产业总产值基本呈现逐年上升趋势，总体增长了 34.4%，但增长率逐年降低，在 2014 年出现小幅度降低后，2015 年又回升至 2013 年水平；在国内生产总值中的占比逐年上升，由 2011 年的 17.1%上升至 2015 年的 20.5%；第一产业中以农业占据比例最大，达到 40%左右；其次是牧业、渔业和林业，占比分别达到 30%、15%和 15%左右（图 5-3）。

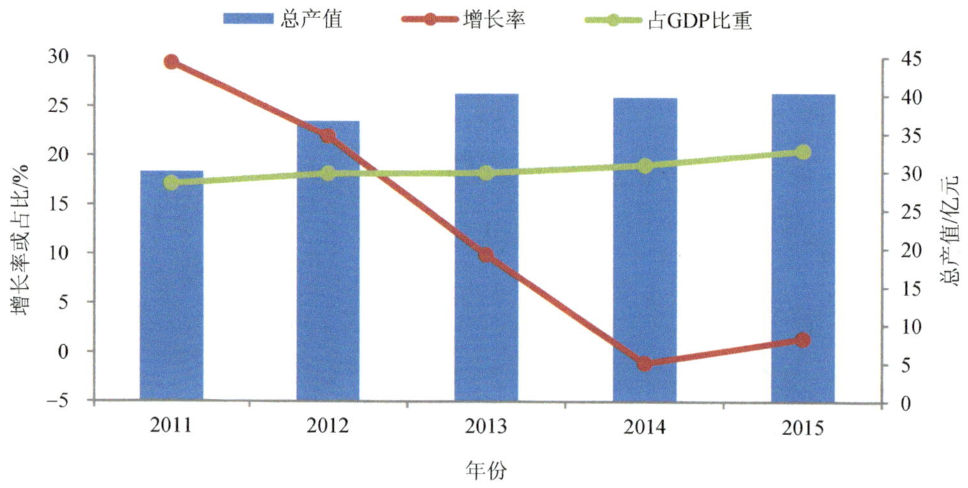

图 5-3　保护区第一产业生产总值及占 GDP 比重图

（2）第二产业生产总值、GDP 占比及增长速度

2011—2013 年第二产业总产值呈上升趋势，2014—2015 年呈下降趋势，“十二五”期间总体下降 7%；2014—2015 年负增长幅度较大，第二产业总产值急速下滑；但第二产业总产值在国内生产总值中占比仍是最大的，为 44.2%～53.3%；第二产业中又以采矿业占据比例最大，能够达到 70%以上。由于近年对保护区内的采矿企业进行了整治，关停了部分整治后仍不符合产业政策及环保要求的采矿企业，第二产业总产值在 2013 年后逐年减少，在国内生产总值中的比例由 2011 年的 53.3%下降至 2015 年的 44.2%（图 5-4）。

（3）第三产业生产总值、GDP 占比及增长速度

第三产业总产值基本呈逐年上升趋势，总体增长了 33.1%；但增长率逐年降低，

由 2011 年的 17.5%降至 2015 年的 0.6%，说明第三产业发展出现滞缓；在国内生产总值中的占比逐年上升，由 2011 年的 29.6%上升至 2015 年的 35.2%，主要是由于旅游业带动的住宿餐饮业的迅速发展（图 5-5）。

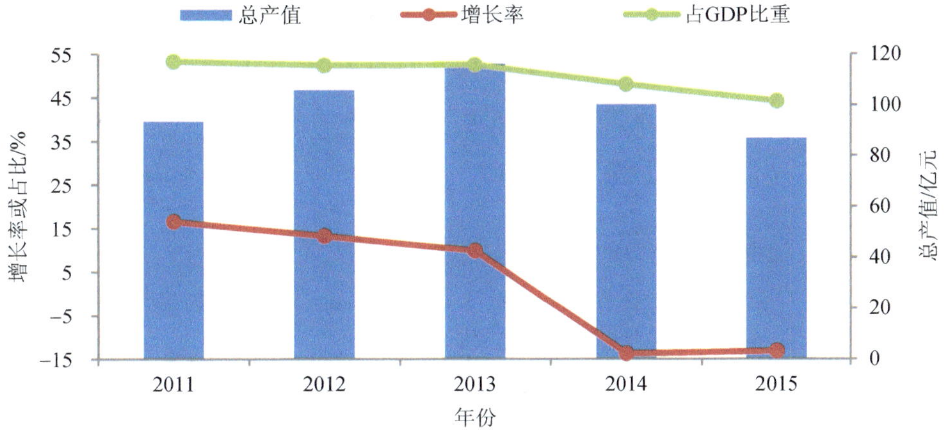

图 5-4　保护区第二产业生产总值及占 GDP 比重图

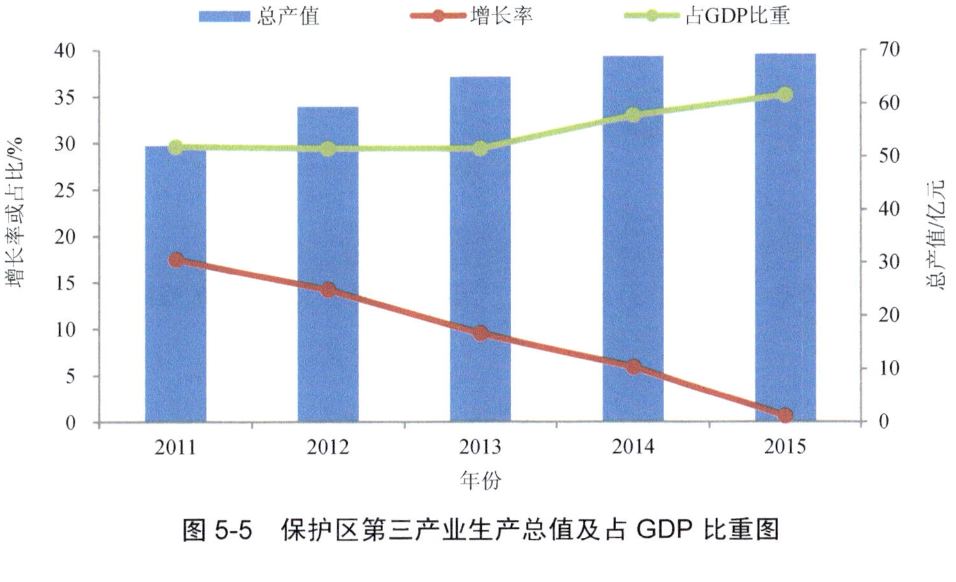

图 5-5　保护区第三产业生产总值及占 GDP 比重图

5.3.2　历年工业万元增加值用水量调查

保护区内万元工业总产值的水量消耗及废水排放情况见表 5-5 及图 5-6。

表 5-5　保护区内万元工业总产值水量消耗情况调查一览表　　单位：t/万元

序号	项目	2011 年	2012 年	2013 年	2014 年	2015 年
1	万元工业总产值用水量	50.3	59.0	44.2	49.0	52.7
2	万元工业总产值取水量	14.4	23.7	11.9	12.2	12.3
3	万元工业总产值重复用水量	35.9	35.3	32.3	36.8	40.4
4	万元工业总产值废水排放量	3.7	3.8	0.7	0.8	1.0

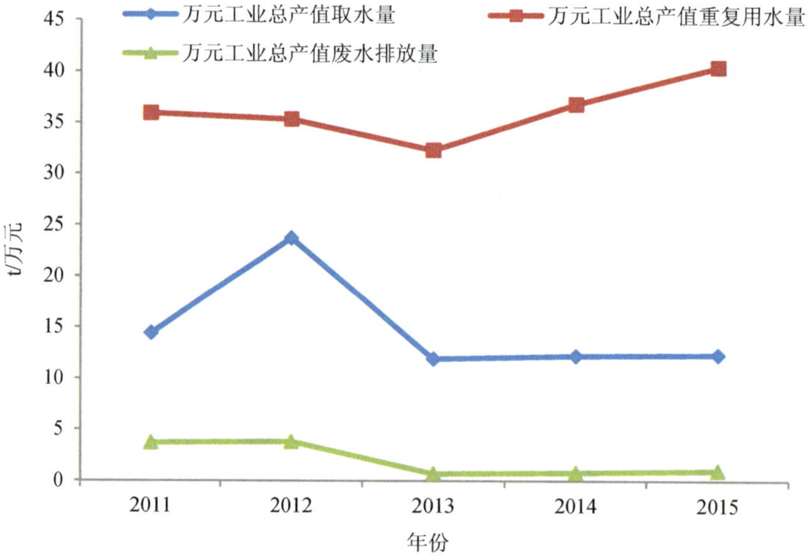

图 5-6　保护区内万元工业总产值的水量消耗及废水排放趋势图

由统计结果可知，保护区内万元工业总产值的取水量、废水排放量在 2013 年大幅度降低，以后虽略有升高，但变化幅度不大，基本维持在 2013 年水平；万元工业总产值的重复用水量总体呈上升趋势，与 2011 年相比，2015 年增加了 12.5%。主要是由于 2013 年对保护区内的工矿企业进行了整治，关闭了部分整改后仍无法满足产业政策和环保要求的工矿企业，且对保留的工矿企业废水进行了治理，经过处理后的废水能够全部回用不外排，实现了废水的零排放。

5.4　生态建设

5.4.1　生态带建设情况

“十二五”期间，保护区不断加强生态保护力度、加大生态投资力度，主要建设了生态隔离带、人工湿地、景观绿化等生态保护措施，具体情况见表 5-6。

表 5-6　“十二五”保护区生态建设情况一览表

年份	项目名称	地点	工程概况	规模
2012	百花河—竖碑河流域生态环境综合治理工程	抚顺县上马乡竖碑村	桥上湿地、桥下湿地、景观区东侧格栅石笼、卵石顺水坡、景观区东砼路面、路灯、桥左岸上下河堤、桥右岸上下河堤、景观区木桥 2 座、景观区拱桥 1 座、景观区凉亭 1 座、景观区内地面铺装施工、桥东公路挡水墙施工、坡地植草砖铺设、村内排水沟施工、化粪池 26 座、河道疏浚、绿化	综合整治面积 12 392 m^2
	浑河流域北杂木—南口前段生态安全防护工程	北杂木—南口前段河道	河道清淤、河岸垃圾清理、河岸生态隔离带建设、防护网围栏、交通限速标志、鱼类保护警示标志、建设桥面导流系统和事故收集池	生态带长度 10.86 km
2014	社河河口生态湿地建设项目	社河河口段	治理河长度 27.89 km，河道生态带建设 47.185 km，河道生态湿地 8 处，河道堤防加固 29.96 km，河道格宾石笼防护 29.96 km，干流河流两岸生态带宽 10～30 m，支流河流两岸生态带宽 5～10 m，干流河道防洪标准达到 20 年一遇，支流河道防洪标准达到 5 年一遇	生态带长度 47.185 km；河道生态湿地 8 处
	浑河流域英额河湿地项目	枸乃甸乡侯窝棚村	新建拦河闸 2 座，截沙拦河坝 3 座，蓄砂池 1 座，河道堤防格宾石笼防护 2 280 m，水源净化区 2 处 56.8 亩，拦污网 330 m，封禁围栏 8 000 m，生态护岸 4 840 m，人工湿地 195 亩	生态护岸 4 840 m，人工湿地 195 亩

年份	项目名称	地点	工程概况	规模
2014	苏子河源头生态湿地建设项目	红升水库周边	水库周边建设湿地面积 486 654 m^2，种植水生植物 149 258 m^2，生态林 8422 m^2，拦污、拦沙闸各 4 处。水库外围种植 18 693 m^2 生态隔离带。治理北沟河、南沟河、张家河、东昌河 4 条河流，河流两侧建设生态隔离带 295 148 m^2，建成封育围栏 58 km。治理关家村、张家村、南蜂蜜沟村污水排放，共计建设排污明渠 12 800 m	湿地面积 486 654 m^2，生态林 8 422 m^2，生态隔离带 18 693 m^2
2015	苏子河河口湿地恢复建设工程	抚顺县上马乡	实施河道整形、滩地平整、护岸和生态防护、植物栽植工程	恢复湿地面积 269.685 hm^2
	抚顺市清原县北杂木生态湿地工程	红透山镇北杂木村	建设生态湿地 22.29 万 m^2，其中建设 10 个生态湿地泡，生态绿化 12.96 万 m^2，建设护栏及甬道等配套设施 7 565 m^2；治理浑河河道 2 085 m；治理北杂木村内支流河道 2 234 m 及绿化；治理边沟 3 150 m	建设生态湿地 22.29 万 m^2
	大伙房水源保护区（社河流域）生态安全防护工程	上马乡台沟村、赵家村	东西湿地项目——湿地绿化面积 11.04 万 m^2，硬化面积 175 万 m^2。 上马乡绿化——秀水山庄至台沟桥段 5 km，温道至四家子段 1 315 m	湿地面积 11.04 万 m^2
	抚顺县上马镇坎木村生态湿地防护工程	上马乡坎木村	建设防护堤坝 750 m，生态湿地 4 300 m^2，绿化种植（自然封育）34 900 m^2	生态湿地 4 300 m^2
	大伙房水源保护区生态安全防护工程（苏子河流域穆家电站—大伙房水库口）	抚顺县	治理苏子河岸线总长度 9.36 km，固滨笼护岸 1.25 km，生态封育围栏 7.82 km，生物防护共栽植乔木柳树 1.25 万株，灌木红毛柳 15.62 万株，刺槐 17.52 万株	生态带治理长度 7.82 km
		新宾县	河道清淤、河岸垃圾清理、河岸生态隔离带建设、防护网围栏、交通限速标志、鱼类保护警示标志、建设桥面导流系统和事故收集池，治理长度 67 km	生态带治理长度 36.21 km

年份	项目名称	地点	工程概况	规模
2015	红升水库环境保护生态建设示范区项目	红升乡张家村、关家村、南蜂蜜沟村、北蜂蜜沟村、小东昌屯	补植造林、河道生态带建设、发展有机农业	建设堤顶及迎水坡生态隔离带，长度 19.6 km
	大伙房水源保护区营盘村生态湿地建设项目	东洲区章党镇营盘村	建设生态湿地（表流人工湿地）1 万 m^2，湿地生态带（植树）3.15 万 m^2，自然封育及绿化种植 9.35 万 m^2，治理营盘河道 2 200 m	建设生态湿地 1 万 m^2，湿地生态带 3.15 万 m^2

5.4.2　植被覆盖率情况

保护区内植被属于长白植物区系，从垂直分布上看，主要植物群落类型为针叶林、落叶阔叶林、落叶阔叶灌丛及灌草丛和农业植被等，植被覆盖率较高，林草植被覆盖率达到 70%以上。

5.5　监管能力

5.5.1　加大监管力度

（1）严管建设项目审批，源头控制污染

对各水源地保护区内的建设项目进行严格的环评监管。大伙房水库为集中式生活饮用水地表水源地一级保护区，禁止除饮用水水源功能外的开发利用。通过严管建设项目审批，从源头上控制了污染，保障了饮用水水源地保护区内的水质安全。

（2）加大饮用水水源地监测力度

按照环境保护部发布的《关于 113 个环境保护重点城市实施集中式饮用水水源地水质月报的通知》（环函〔2005〕47 号）规定，积极开展水质监测工作，对饮用水水源地进行的每月的监测结果，都上报到市政府和上级环保部门，每年 7—8 月对湖泊进行一次特定项目（111 项）全分析。

（3）建立水源环境监察小组，开展定期巡查

为及时发现和消除污染隐患，依照《辽宁省环境保护厅关于印发〈辽宁省大伙房饮用水水源保护区环境监察（暂行）办法〉的通知》（辽环发〔2010〕42号），保护区成立了水源环境监察小组，印发了《抚顺市网格化环境监管体系建设实施方案》《大伙房水源地保护区综合治理工作督察督办暂行办法》，对大伙房水库库面及保护区范围开展监察工作，坚持水面定期巡查，每月发布监察情况通报，并公布了水源保护监督电话，随时接受社会公众的监督。

（4）制定饮用水水源保护区突发环境事件应急预案

依据《中华人民共和国环境保护法》《中华人民共和国水污染防治法》《中华人民共和国突发事件应对法》《辽宁省突发环境事件应急预案》《辽宁省大伙房饮用水水源保护区突发环境事件应急预案》《辽宁省人民政府关于划定大伙房饮用水水源保护区的批复》及《辽宁省大伙房饮用水水源保护区环境监察（暂行）办法》等相关法律规定，2014年制定了《抚顺市大伙房饮用水水源保护区突发环境事件应急预案》，建立了保护区突发环境事件应急机制，确保24小时应急联络畅通，应急物资储备充足，定期举行应急演练，使政府及有关部门和污染源单位应对突发环境事件的预防、预警和应急处置能力得到提高，消除、减少和控制突发环境事件的风险和危害。保护区目前未发生较大以上突发环境事件。净水厂也依据《中华人民共和国安全生产法》编制了供水事故应急预案，确保水质出现问题时能迅速切换供水系统，保证水质安全。

（5）宣传饮用水水源地保护工作

利用新闻媒体在社会上进行饮用水水源地宣传，印刷了《关于划定大伙房水库饮用水水源保护区的决定》《大伙房水库饮用水水源保护区示意图》等宣传单，并分发张贴，增强市民对饮用水水源地的保护意识。

（6）规范饮用水水源保护区标志

2011年即开始实施了“大伙房饮用水水源保护区勘界立标工程”，按照《水污染防治法》中相关要求，依照《饮用水水源保护区标志技术要求》（HJ/T 433—2008），结合饮用水水源地实际情况，制作设立了饮用水水源地保护区警示牌、宣传牌等标志，规范了饮用水水源保护管理工作。

5.5.2　加强环境应急监测能力建设

（1）建立水质监测预警系统

为了保证保护区管理机构能够实时监测、控制水源地的水质、水量，提高预警预报能力，适应饮用水水源地保护的管理需求，在水源保护区内建立了水质监测预警系统，全面实施水质监控，从而能够对突发性水质风险进行准确预警，对城市供水实行精细化管理和提高供水应急能力；建立健全了饮用水安全保障体系，为饮用水水源地安全保障提供了分层次、可视化的决策方案。

在省重点工程之一的“东水西调”工程——本溪桓仁浑江水引入大伙房水库工程的出水口建设自动监测站，实时在线全方位监控水质状况，完善环境安全预警体系；同时，大伙房水环境监察局为实时、动态监视大伙房水库水质状况和污染源变化状况，及时发现污染事件，引进了水质监测船、水质分析仪等仪器设备，对于水质预测预警发挥着积极有效的作用。

（2）加强监测能力建设

为有效提高抚顺市、新宾县、清原县的日常环境监测及突发应急状况应对能力，使保护区水质安全得到有效保障，有力地保障水源地的管护工作，2014—2015 年共计投资 1 285 万元实施了“大伙房水库饮用水水源地水质监测能力建设项目”“清原满族自治县环境监测站提升环境应急监测能力建设项目”“新宾县环境监测站提升环境应急监测能力建设项目”，并添置了必要的监测设备。根据国家环境保护总局发布的《关于印发环境监测站建设标准（试行）的通知》（环发〔2002〕118 号），市县监测站可达到东部环境监测三级站的标准要求。

5.5.3　构建大伙房水库水源保护区信息监控系统数据综合平台

整合公安、环保、水利等部门各项因子和数据，建立统一标准、统一规格的大伙房水库流域空间数据库，构建集收录、管理、应用功能于一体的水环境三维 GIS 管理平台系统。通过大伙房水库流域及输水工程保护区数字化管理平台系统的建设，实现流域水质查询、信息查询、水质演变、产业结构管理、水质评价、管理减排等功能。通过对流域重点区域的动态监控，进一步提升大伙房水库保护区的日常管理水平，提高对大伙房水库流域水质水生态的保护、监管及预警应急能力。

GIS 管理平台系统与现有水质自动监测站联网，能够实现水质监测数据长期、连续传输，实时、动态监视水环境质量和污染源变化情况，及时、准确地发现水污染事件并进行水质预测，全面、有效地发挥水质预警作用。

GIS 管理平台系统现已列入了《辽宁省大伙房水源保护区（大伙房水库部分）综合治理五年行动计划》，投入使用后能够全面应用于环境质量监控与管理，提升环境监管和监测水平。

5.6 长效机制

5.6.1 组织领导保障机制

为了确保饮用水水源地各项保护措施全部落实到位，抚顺市政府建立了政府负责、有关部门落实措施、环保统一监管的工作机制，抓住国家增加投入、拉动内需、惠及民生这一机遇，采取各种有效措施，加大对大伙房水库饮用水水源地的监督、检查和管理，推进饮用水水源环境保护工作有序进行。

建立协调机制、形成保护合力。充分发挥省大伙房水源地保护区管理委员会及其办公室的综合协调、督查督办职能，发挥国土、卫生、水利和建设等相关部门对饮用水水源的监督管理职能，强化部门间的协调与配合，形成监管合力；加强综合协调，统筹污染防治与水源保护工作；强化跨行政区水源保护和污染控制工作的统筹协调，加强宣传教育，及时公布水源地水质状况，促进全社会共同参与，形成保护合力，共同做好水源保护工作。

5.6.2 法律法规保障机制

（1）依法各部门齐抓共管

近几年来，为了进一步加强饮用水水源地保护工作，各级水源办以及发改、环保、水务等有关部门对饮用水水源地保护区及其上游区域进行了全面清查，严禁在一级保护区内建设或拟建与供水设施和保护区内水源无关的建设项目，并对一级保护区内排污口、违法排污等项目依法关闭；对一级保护内网箱养殖依法取缔，并加强对水源地保护区的监督管理工作，禁止其他污染水体活动的进行。通过清查行动，不仅消除了饮用水安全的环境风险隐患，同时改善了环境质量，维护了社会稳定，为实现经济平稳较快增长提供了环境保障。

2014 年发布的《关于印发辽宁省大伙房水源地保护区管理委员会成员单位职责》确定了各成员单位职责，实现了各部门齐抓共管，各部门主要职责如下：

省发展改革委，负责组织制定保护区经济绿色发展计划并监督实施；协调争取国家发展改革相关专项投资；研究拟定发展绿色产业的扶持和鼓励政策。

省公安厅，负责保护区安全保卫工作，制定预防、打击水源地保护区违法犯罪对策；指导属地公安交管部门划定危险化学品道路运输禁行和限行区域、路线并制定相关管理办法，预防和处理辖区内道路交通事故工作。

省财政厅，负责落实省本级财政预算资金，会同省直相关部门研究制定资金和项目管理办法，争取国家相关资金；研究完善保护区生态环境保护财政补偿政策；负责专项资金使用的监督管理。

省国土资源厅，负责指导矿山生态修复工作；负责组织制定矿业权整治计划和退出补偿政策；保障重点工程项目用地，配合做好一级保护区退耕工作。

省环保厅，负责水环境保护统一监督管理工作；负责组织制订实施环境保护计划；负责环境应急管理；负责水环境监测管理；负责组织乡镇污水处理设施建设和运营管理；负责组织做好国家江河湖泊生态环境保护试点工作。

省住建厅，负责指导保护区内村镇垃圾收集、处置体系建设和运营；负责指导市县研究制定垃圾处置体系运行保障政策。

省交通厅，负责组织制定保护区内道路危险化学品运输风险防范计划，组织开展必要路段危险化学品运输风险防范设施建设与维护；负责危险化学品道路运输的许可以及运输工具的安全管理。

省农委，负责组织制定有机农业生产示范基地建设计划，提供技术指导，并会同有关部门监督实施；研究制定推广使用生物有机肥、农药和绿色防控等农业清洁生产技术的鼓励和引导政策；指导做好土地经营权流转。

省水利厅，负责大伙房水库防洪兴利、供水调度及日常管理、运行、维护工作；负责大伙房水源地坝区重点部位，包括水库大坝、输水洞、溢洪道、各用户取水口的人防、物防、技防等综合防控工作；负责拟定水功能区划和水资源调度工作并监督实施；负责组织审核水域纳污能力，提出限制排污总量意见；负责水功能区水质监测，指导入河排污口设置工作；负责组织永久性拦截漂浮物设施建设，河道生态封育和综合治理工作；负责组织保护区内水土流失治理工作。

省林业厅，负责组织保护区青山工程建设；负责组织制订超坡地还林、围栏封育和闭坑矿生态治理工程计划，并监督实施；负责研究制定退耕还林还草、天然林和公益林保护等鼓励和扶持政策。

省安监局，负责指导尾矿库整治及关闭尾矿库闭库治理；负责易引发次生环境污染事故的重点企业安全风险防范。

省畜牧局，负责组织制定保护区内畜禽养殖污染防治计划并配合环保部门监督实施，指导畜禽养殖废弃物综合利用；对兽药、饲料销售、使用情况以及病死动物随意丢弃行为实施监管；研究制定保护区内畜禽养殖业退出补偿政策并会同相关部门监督实施。

（2）建立公平合理的生态补偿机制

大伙房水库承担着12个城市饮水的调水任务，战略地位极其重要，各级政府在政策上均加大了对保护区生态项目专项资金的倾斜力度，制定了规范透明的调水补偿机制。

省政府参考国内其他地区的经验，制定调水补偿资金管理办法，在省财政年度预算中提取一定比例资金用作调水补偿专项资金，根据年度调水量和水质达标情况对水源保护区进行考核，考核结果作为计算生态补偿转移支付的依据。

另外，保护区内清原县、新宾县2011年开始创建省级生态县。近年来，清原县、新宾县一直致力于生态县建设。以全面、协调、可持续的科学发展观为指导，立足环境、资源和区位优势，坚持“以人为本，环境先导”，不断深化和延续生态示范区工作任务，走可持续发展道路。坚持实施“工业经济强县、第三产业活县、特色农业立县、对外开放兴县”战略，全面推进清原县生态环境建设，通过调整优化产业结构，大力发展生态经济和循环经济，改善生态环境，培育生态文化，重视生态人居，走“生产发展、生活富裕、生态良好”的文明发展道路，最终实现区域内社会、经济、生态环境的整体优化和最佳运行，促进地区经济和社会持续、健康、快速地发展。2016 年 6 月，两县均顺利通过了省级生态县创建的技术评估。

5.6.3 资金投入保障机制

（1）多方位开展重点工程，综合整治饮用水保护区

根据《中华人民共和国水污染防治法》，按照党中央、国务院让江河湖泊休养生息的战略部署，为保护湖泊生态环境，改善湖泊水质，避免走“先污染、后治理”的老路，保护区编制完成了《大伙房水源保护区生态环境保护试点总体实施方案》《辽宁省大伙房水源保护区（大伙房水库部分）综合治理五年行动计划》等，“十二五”期间投入资金完成 50 余项大伙房水库生态环境保护工程建设。

（2）完善市场化运作机制，广泛吸引社会各方面的投资

除政府部门每年的财政预算外，采取政府引导、社会投入、市场运作等方式拓宽融资渠道，进一步扩大资金来源，以充实保护区环境保护建设。在资金筹措方面采取灵活措施，积极引导和鼓励企业和民众将资金投入到饮用水水源地保护中来，对有利于保护水源的项目给予必要的鼓励和支持。积极宣传引导，制定和完善相关政策，鼓励和引导社会资金投入保护区内各项治理和保护项目，实现多方共赢。

此外，有关部门还印发了《关于印发大伙房水源保护区综合治理项目和资金管理办法的通知》《关于加强大伙房水源保护区综合治理省以上资金支持项目资金审核相关事宜的通知》，严格规范保护区项目资金管理及落实。

5.6.4 社会化参与机制

（1）加大生态文明宣传力度，建立全社会共同推进机制

各级各类新闻媒体把大伙房水源保护区环境保护工作列入宣传计划，设立专栏、

专题，广泛开展相关知识的宣讲、培训及绿色创建活动。全方位、多层次地宣传及诸多部门、社会团体的大力宣传，使得生态环境保护理念深入人心，从而提高了全民环保意识。

2011 年，由地方投资完成大伙房水库水源勘界立标工程，完成水源地一级、二级、准保护区各级定界，设置各保护区界碑、界桩，在保护区周边的居民点设立告示牌，加强宣传饮用水水源一级、二级和准保护区范围内的注意事项。通过勘界立标，进一步明确水源保护区地理界限和公民保护水源的义务和责任，提高公众环保意识，促进有关部门、单位和群众进一步重视饮用水水源保护工作。

（2）实行政务公开，建立健全社会公众参与机制

通过抚顺市及各县、区政府网站将水源保护区工作信息公开化，能够为公众行使知情权、参与权、监督权创造条件，从而推动公众广泛参与饮用水水源保护和建设。凡与群众有关的、涉及大众利益的规划、决策，应建立必要的科学咨询机制，开通公众听证渠道，充分听取公众意见，进而确保公众的知情权、参与权、监督权。通过调查了解群众环境意识情况，宣传环境保护重要性，培育环境保护工作的群众基础，大力发展志愿者队伍，组织、引导广大人民群众积极参与到水源保护区环境保护中来。

5.7 水源保护项目实施效果分析

5.7.1 项目实施及污染物排放削减情况

“十二五”期间，抚顺市大伙房水库实施的综合治理项目具体名称见表 5-7。

其中，2014—2015 年抚顺市大伙房水库综合治理项目中央的资金落实及项目进展情况具体见表 5-8。

表 5-7　“十二五”期间抚顺市大伙房水库综合治理项目名称一览表

年份	序号	项目名称	资金来源
2011	1	大伙房饮用水水源保护区勘界立标工程	中央
	2	大伙房水库一级保护区隔离工程（一期）	
	3	社河马圈子段生态修复	
	4	水库周边汤图区域生态修复	
	5	苏子河上夹河段生态修复	
	6	苏子河木奇段生态修复	
	7	苏子河下夹河段生态修复	
	8	浑河红透山矿污水综合治理项目	
2012	9	大伙房水库一级保护区隔离工程（二期）	
	10	生态保护拦污工程	
	11	百花河—竖碑河流域生态环境综合治理工程	
	12	清原镇污水处理厂升级改造项目	
	13	红透山镇生活污水处理厂升级改造项目	
2014	14	大伙房水库隔离工程（三期）	
	15	大伙房水库饮用水水源地水质监测能力建设	
	16	苏子河源头生态湿地建设项目	
	17	大伙房水库上游乡镇污水处理设施项目	
	18	永陵镇污水处理厂升级改造项目	
	19	浑河流域英额河湿地项目	
	20	清原满族自治县环境监测站提升环境应急监测能力建设项目	
	21	大伙房水源保护区生态安全防护工程（浑河流域北杂木—南口前段）	
	22	社河河口湿地项目	
	23	一级保护区退耕项目	省级
	24	一级保护区生态移民项目	
	25	一级保护区养殖场（户）搬迁项目	
	26	准保护区规模化养殖场生态化升级改造项目	

年份	序号	项目名称	资金来源
2014	27	有机农业试点示范基地项目	省级
	28	抚顺县河道生态综合治理项目	
	29	清原县河道生态综合治理项目	
	30	新宾县河道生态综合治理项目	
	31	省发展改革委安排基本建设资金项目	
	32	青山工程（抚顺围栏封育）项目	
	33	道路风险防范（抚顺）项目	
2015	34	大伙房水源保护区大伙房水库流域生态绩效调查评估	中央
	35	抚顺罕王上章党矿业有限公司尾矿库综合治理等十五个尾矿库综合治理项目	
	36	苏子河河口湿地恢复建设工程	
	37	大伙房水源保护区营盘村生态湿地建设项目	
	38	东洲区浑河流域围栏封育项目	
	39	红升水库环境保护生态建设示范区项目	
	40	木奇镇大房子村综合整治工程	
	41	新宾镇污水处理厂升级改造工程	
	42	新宾县环境监测站提升环境应急监测能力建设	
	43	大伙房水源保护区生态安全防护工程（苏子河流域穆家电站—大伙房水库口）	
	44	新宾县围栏封育项目	
	45	抚顺市清原县北杂木生态湿地工程	
	46	上马镇北李生活垃圾综合利用处理场	
	47	后安镇佟庄子生活垃圾综合利用处理场	
	48	抚顺县社河苏子河流域围栏封育项目	
	49	抚顺县上马镇坎木村生态湿地防护工程	
	50	大伙房水源保护区污水处理项目（抚顺县区域）	
	51	大伙房水源保护区（社河流域）生态安全防护工程	
	52	一级保护区退耕	省级
	53	有机农业示范基地建设	
	54	青山工程（抚顺桓仁闭坑矿治理）	

表 5-8　2014—2015 年抚顺市大伙房水库综合治理项目中央的资金落实及项目进展情况一览表

年份	序号	项目名称	资金安排情况			预算执行情况			建设运行情况
			核定资金	已下达资金	待下达资金	合同金额	决算（结算）金额	已支付金额	
2014	1	大伙房水库隔离工程（三期）	4 641.00	3 713.00	928.00	4 395.00		3 713.00	全部完成
	2	大伙房水库饮用水水源地水质监测能力建设	770.00	616.00	154.00	744.94	744.94	616.00	全部完成
	3	苏子河源头生态湿地建设项目	1 859.00	1 487.00	372.00	1 661.74		1 062.00	全部完成
	4	大伙房水库上游乡镇污水处理设施项目	3 148.05	2 518.00	630.05	2 996.88	3 014.36	2 370.29	全部完成
	5	永陵镇污水处理厂升级改造项目	1 033.00	826.00	207.00	710.22	1 194.73	806.10	全部完成
	6	浑河流域英额河湿地项目	4 639.00	3 711.00	928.00	2 950.55	3 440.58	3 440.58	全部完成
	7	清原满族自治县环境监测站提升环境应急监测能力建设项目	216.00	173.00	43.00	215.10	215.10	172.08	全部完成
	8	大伙房水源保护区生态安全防护工程（浑河流域北杂木—南口前段）	2 698.00	2 158.00	540.00	1 400.99	1 474.77	1 474.77	全部完成
	9	社河河口湿地项目	6 284.00	5 027.00	1 257.00	6 403.63	6 282.10	4 776.50	全部完成
		合计	25 288.05	20 229.00	5 059.05	21 479.05	16 366.58	18 431.32	

年份	序号	项目名称	资金安排情况			预算执行情况			建设运行情况
			核定资金	已下达资金	待下达资金	合同金额	决算（结算）金额	已支付金额	
2015	1	大伙房水源保护区大伙房水库流域生态绩效调查评估	85.00	68.00	17.00	84.90		42.45	正在进行
	2	抚顺罕王上章党矿业有限公司尾矿库综合治理等十五个尾矿库综合治理项目	2 153.00	1 722.00	431.00				未建
	3	苏子河河口湿地恢复建设工程	4 241.00	3 393.00	848.00	3 830.00		3 393.00	在建 80%，部分围堰和植物栽植工程未完成
	4	大伙房水源保护区营盘村生态湿地建设项目	986.00	789.00	197.00	800.00		350.00	在建 90%，待 4 月植树、种草
	5	东洲区浑河流域围栏封育项目	368.00	294.00	74.00	340.00	343.74	180.00	全部完成
	6	红升水库环境保护生态建设示范区项目	2 096.00	1 677.00	419.00	1 412.65		854.00	在建 70%，生态带建设、绿化工程未完成
	7	木奇镇大房子村综合整治工程	416.00	333.00	83.00	190.37		148.27	全部完成
	8	新宾镇污水处理厂升级改造工程	2 187.00	1 750.00	437.00	1 494.80		65.30	在建 10%，正在安装设备
	9	新宾县环境监测站提升环境应急监测能力建设	299.00	239.00	60.00	295.99	295.99	239.00	全部完成

年份	序号	项目名称	资金安排情况			预算执行情况			建设运行情况
			核定资金	已下达资金	待下达资金	合同金额	决算（结算）金额	已支付金额	
2015	10	大伙房水源保护区生态安全防护工程（苏子河流域穆家电站—大伙房水库口）	2 267.00	1 814.00	453.00	1 900.52	2 133.80	1 807.64	全部完成
	11	新宾县围栏封育项目	2 100.00	1 680.00	420.00	1 936.77		1 680.00	全部完成
	12	抚顺市清原县北杂木生态湿地工程	2 619.00	2 095.00	524.00	2 288.97		685.79	完成，未验收
	13	上马镇北李生活垃圾综合利用处理场	1 052.00	842.00	210.00	912.26		446.00	在建 70%，值班室、消防泵房水池未建
	14	后安镇佟庄子生活垃圾综合利用处理场	805.00	644.00	161.00	805.56		480.00	在建 90%，值班室、消防泵房未建
	15	抚顺县社河苏子河流域围栏封育项目	350.00	280.00	70.00	319.04	350.00	212.62	全部完成
	16	抚顺县上马镇坎木村生态湿地防护工程	357.00	286.00	71.00	304.43	371.56	208.51	全部完成
	17	大伙房水源保护区污水处理项目（抚顺县区域）	277.00	222.00	55.00	193.32		124.12	在建 80%，到货设备不合格未安装
	18	大伙房水源保护区（社河流域）生态安全防护工程	2 241.00	1 793.00	448.00	1 817.34	2 240.56	1 793.00	全部完成
合计			24 899.00	19 921.00	4 978.00	18 926.92	5 735.65	12 709.70	

通过总体分析可知，保护区内的工业企业较少、城镇化率较低，保护区内污染类型以面源污染为主，污染物主要来自畜禽养殖、农业种植以及水土流失等。通过对保护区内点源、面源的全面治理，保护区内污染物排放量得到了明显削减。主要的点源、面源污染物排放削减量及削减百分比见表 5-9。

表 5-9 “十二五”期间保护区内污染物排放量削减情况一览表

类型	单元类型	COD		氨氮		总氮		总磷	
		削减量/t	削减百分比/%	削减量/t	削减百分比/%	削减量/t	削减百分比/%	削减量/t	削减百分比/%
点源	工业点源	−75.1	−60.4	0.4	10.0				
	城镇生活源	3.9	0.4	−6.8	−4.6	−12.3	−5.4	−1.7	−12.8
	规模化畜禽养殖	−830.1	−27.9	−24.0	−27.9	−144.0	−27.9	−29.3	−28.0
	合计	−901.3	−21.6	−30.4	−12.9	−156.3	−21.0	−31.0	−26.3
面源	农村生活	−883.9	−41.5	−196.2	−41.5	−294.6	−41.5	−14.6	−41.4
	种植业			−2.1	−4.0	−12.1	−3.8	−0.3	−2.2
	畜禽散养	−4 160.8	−53.8	−144.6	−53.8	−867.6	−53.8	−127.8	−53.8
	水产养殖	−37.9	−30.1			−6.1	−33.5	−1.1	−42.3
	合计	−5 082.6	−50.9	−342.8	−43.2	−1 180.5	−44.4	−143.8	−49.8

由表 5-9 可知，通过采取一系列的污染治理及生态保护措施，保护区内污染物排放量整体得到有效控制和明显削减。

5.7.2 库区及入库河流水质变化情况

“十二五”期间大伙房水库库区及主要入库河流水质变化情况具体见表 5-10 和表 5-11。

表 5-10 大伙房水库库区水质变化情况一览表

库区断面名称	监测因子	年均值/（mg/L）					标准（Ⅱ类）
		2011 年	2012 年	2013 年	2014 年	2015 年	
浑 7 断面	高锰酸盐指数	2.67	2.9	2.9	2.8	2.6	4
	氨氮	0.025	0.043	0.038	0.018	0.035	0.5
	总氮	**2.68**	**2.26**	**2.67**	**2.11**	**1.92**	0.5
	总磷	0.016	0.016	**0.069**	**0.030**	0.02	0.025
浑 37 断面	高锰酸盐指数	2.65	3.1	3.1	3.0	2.7	4
	氨氮	0.026	0.037	0.034	0.014	0.052	0.5
	总氮	**2.56**	**2.29**	**2.69**	**2.10**	**1.95**	0.5
	总磷	0.016	0.018	**0.062**	**0.028**	0.02	0.025
浑 73 断面	高锰酸盐指数	3.61	3.5	2.6	—	2.8	4
	氨氮	0.016	0.038	0.021	—	0.038	0.5
	总氮	**2.78**	**2.30**	**3.59**	—	**2.25**	0.5
	总磷	0.025	0.022	0.022	—	0.02	0.025
年平均降雨量/mm		607.5	917.4	1 027.5	541.5	653.0	—

注：加粗数字为超过《地表水环境质量标准》（GB 3838—2002）Ⅱ类限值要求。

表 5-11 大伙房水库主要入库河流入库断面水质变化情况一览表

入库断面	监测因子	年均值/（mg/L）					标准（Ⅱ类）
		2011 年	2012 年	2013 年	2014 年	2015 年	
浑河（清原段）北杂木断面	4—11 月平均流量/（m^3/s）	22.83	49.42	42.33	29.09	36.87	—
	高锰酸盐指数	2.49	2.68	2.9	2.4	2.3	4
	氨氮	0.035	0.171	0.215	0.042	0.057	0.5
	总氮	3.96	3.59	3.52	2.99	2.71	—
	总磷	0.04	0.044	0.06	0.07	0.07	0.1

入库断面	监测因子	年均值/（mg/L）					标准（Ⅱ类）
		2011 年	2012 年	2013 年	2014 年	2015 年	
苏子河古楼断面	4—11 月平均流量/（m^3/s）	19.67	43.41	44.61	30.88	42.24	—
	高锰酸盐指数	2.16	2.4	3	2.2	1.9	4
	氨氮	0.023	0.077	0.107	0.026	0.042	0.5
	总氮	3.2	3.31	3.53	3.04	2.36	—
	总磷	0.02	0.03	0.05	0.04	0.017	0.1
社河台沟断面	4—11 月平均流量/（m^3/s）		8.93	11.02	8.58	14.23	—
	高锰酸盐指数	2.75	2.18	2	1.8	1.6	4
	氨氮	0.027	0.052	0.171	0.023	0.039	0.5
	总氮		2.79	3.46	2.37	2.34	—
	总磷	0.01	0.03	0.05	0.04	0.02	0.1

5.7.3 污染物排放与水质变化的关系分析

库区及入库河流主要断面的水质基本呈相同的变化规律：

（1）高锰酸盐指数库区及河流均能够满足Ⅱ类限值要求；浓度值变化幅度不大，总体呈逐年降低或者在 2012 年、2013 年出现最大值之后开始降低的趋势；总体对比 2015 年与 2011 年数据，除浑 37 断面略有增高外，其余断面均有不同程度的降低。

（2）氨氮库区及河流均能够满足Ⅱ类限值要求；库区 2012 年或 2015 年氨氮质量浓度值相对较高，河流 2013 年氨氮质量浓度值相对较高，但与Ⅱ类标准限值对比，占比均较小。

（3）库区总氮为劣Ⅴ类水质，河流不进行总氮评价；总氮浓度值变化趋势与高锰酸盐指数基本一致；总体对比 2015 年与 2011 年数据，总氮浓度值削减幅度较大，2015 年库区浑 7、浑 37 两个断面总氮达到了Ⅴ类标准。

（4）库区中下游总磷质量浓度 2013 年为Ⅳ类、2014 年为Ⅲ类，库区其余年份及河流满足Ⅱ类限值要求；对比 2015 年与 2011 年数据，库区及苏子河入库断面总磷质量浓度变化不大，浑河、社河入库断面总磷质量浓度有所增高。

由水污染源排放情况调查可知，工业源、城镇生活源水污染物排放口、排放量较为固定，受外界因素干扰较小，污染物排放变化对地表水体水质产生的影响容易预测。保护区内的污染类型以面源污染为主，污染物主要来自畜禽养殖、农业种植以及水土流失等。而影响面源污染物最终入河量的因素较多，例如降雨量、径流量的增加虽然能够增加地表水体的自净能力，但同时经过了充分浸泡、冲刷，也增加了面源污染物的携带量，反而容易造成污染指标的急剧增加，特别是影响畜禽养殖水污染物排放的因素，每个养殖场、养殖区、养殖专业户以及散养户的畜禽存栏量随着育成、出栏的不同阶段变化非常大，随之粪便和污水的产生量、污染浓度变化也较大，且粪污多为临时贮存、间断集中排放，受降雨量、蒸发量等气象条件因素影响较大，容易造成入河粪污量的急剧变化，因而对地表水体水质的影响难以预料。

由总体分析可知，通过采取一系列的污染治理及生态保护措施，保护区内污染物的排放量整体得到有效控制和明显削减，保证了各监测断面水质有所提升并总体达标，控制情况良好；由于 2013 年降雨量急增，面源污染加剧，库区及河流的主要污染物浓度均在 2013 年出现峰值；另外，2015 年与 2011 年相比，区域降雨量有所增加、入库径流量增加显著，因此地表径流污染物携带量增加是氨氮、总磷在排放总量削减的前提下水质浓度反而出现回升的主要原因。

第6章

湖泊生态安全评估

6.1 评估指标体系的建立

6.1.1 指标选取的原则

评估指标的选择是准确反映水库生态系统健康状况和进行生态安全评估的关键，指标的选取应遵循以下原则。

（1）系统性

把水库水生态系统看作自然－社会－经济复合生态系统的有机组成部分，从整体上选取指标对其健康状况进行综合评估。评估指标要求全面、系统地反映水库水生态健康的各个方面，指标间应相互补充，充分体现水库水生态环境的一体性和协调性。

（2）目的性

生态安全评估的目的不是为生态系统诊断疾病，而是定义生态系统的一个期望状态，确定生态系统破坏的阈值，并在文化、道德、政策、法律、法规的约束下，实施有效的生态系统管理，从而促进生态系统健康的提高。

（3）代表性

评估指标应能代表水库水生态环境本身固有的自然属性、水库水生态系统特征和湖库周边社会经济状况，并能反映其生态环境的变化趋势及其受干扰和破坏的敏感性。

（4）科学性

评估指标应能反映水库水生态环境的本质特征及其发生发展规律，指标的物理及生物意义必须明确，测算方法应标准，统计方法须规范。

（5）可表征性和可度量性

以一种便于理解和应用的方式表示，其优劣程度应具有明显的可度量性，并可用于评估单元间的比较评估。选取指标时，多采用相对性指标，如强度或百分率等。评估指标可直接赋值量化，也可间接赋值量化。

（6）因地制宜

湖泊（水库）数目众多、成因各异，其周边的生态特点、流域经济产业结构和发展方式迥异，因此调查与评估指标的选择应该因地制宜、区别对待。

6.1.2 指标的筛选

（1）备选指标

生态安全评估从人类社会经济影响（驱动力、压力）、水生态健康（状态）、生态服务功能（影响）和调控管理（响应）4 个方面出发，以大伙房水库污染物迁移转化过程为主线，对可得数据进行了指标初选。

①社会经济影响指标

社会经济影响指标包括驱动力和压力两个方面，驱动力指标反映湖库流域所处的人类社会经济系统的相关属性，可以分为人口、经济和社会三个部分，而压力指标反映人类社会对湖库的直接影响，突出反映在流域污染负荷和入库河流水质、水量两个方面。

a. 驱动力

人口指标在常规统计中包括人口、人口密度、人口自然增长率、人口迁入迁出数量等。

经济指标在水库流域生态安全评估中，主要用以确定流域经济发展水平和经济活动强度，因此，经济指标应当选择能够代表经济结构与经济数量的指标。经济结构指标包括工业比例、第三产业比例、工农业产值比等。经济数量指标包括 GDP、人均 GDP、工农业总产值等。

社会指标包括国民社会经济统计的常规统计项目。社会指标主要用来反映湖库流域内的社会公平性和社会发展水平。现有研究对社会指标关注不多，人均收入和城镇化率分别是可行的指标。

b. 压力

流域污染负荷是衡量人类活动对水质影响程度的主要方面。表征污染物排放的数据包括污染物入库总量、点源及面源的入库总量、入库河流水质水量等，其计算指标包括总量指标、单位水库面积负荷、单位水库体积负荷等多种形式。

入库河流水质、水量指标包括水库主要入库河流的总氮、总磷、COD、氨氮等水质指标，以及流量、流速等水文参数指标。

②水生态健康指标

水生态健康指标可以通过水质指标与水生态指标两个方面来反映。

水质指标包括溶解氧（DO）、总氮（TN）、总磷（TP）、高锰酸盐指数（COD_{Mn}）、氨氮（NH_3-N）、透明度（SD）、悬浮物（SS）、叶绿素 a（Chla）等指标。

水生态指标包括群落层次的浮游植物生物量（Bp）、浮游动物生物量（Bz）、浮游植物多样性指数、浮游动物多样性指数。

③生态服务功能指标

水库的服务功能主要体现在水质净化、水生态支持等方面。对于集中式饮用水水源地，应重点评估其水质达标率等饮用水服务功能。

④调控管理指标

调控管理指标反映人类的“反馈”措施对社会经济发展的调控及对湖/库水质水生态的改善作用。响应指标主要体现在经济政策、部门政策和环境政策三个方面。因此，响应指标包括资金投入、污染治理、产业结构调整、生态建设和监管能力建设。

（2）指标优选与评估体系构建

结合对 DPSIR 概念模型应用于水库生态系统的分析，并根据层次分析法，进一步优选能反映水库生态安全状况的关键指标，并以此为依据进行水库生态安全综合评估。根据《湖泊生态安全调查与评估技术指南（试行）》，评估指标体系由目标层（*V*）、方案层（*A*）、因素层（*B*）、指标层（*C*）构成，包括 1 个目标层、4 个方案层、18 个因素层和 44 个指标层指标，见表 6-1。

表 6-1　湖泊生态安全评估指标体系一览表

目标层	方案层	因素层	指标层
生态安全综合指数（V）	社会经济影响（A_1）	人口 B_1	人口密度 C_{11}
			人口增长率 C_{12}
		经济 B_2	人均 GDP C_{21}
		社会 B_3	人类活动强度指数 C_{31}
			湖泊近岸缓冲区人类活动扰动指数 C_{32}
		流域污染负荷 B_4	单位面积面源 COD 负荷 C_{41}
			单位面积面源 TN 负荷 C_{42}
			单位面积面源 TP 负荷 C_{43}
			单位面积点源 COD 负荷 C_{44}
			单位面积点源 TN 负荷 C_{45}
			单位面积点源 TP 负荷 C_{46}
		入湖河流 B_5	主要入湖河流 COD 质量浓度 C_{51}
			主要入湖河流 TN 质量浓度 C_{52}
			主要入湖河流 TP 质量浓度 C_{53}
			单位入湖河流水量 C_{54}
	水生态健康（A_2）	水质 B_6	溶解氧 C_{61}
			透明度 C_{62}
			氨氮 C_{63}
			总磷 C_{64}
			总氮 C_{65}
			高锰酸盐指数 C_{66}
		富营养化 B_7	叶绿素 a C_{71}
			综合营养指数 C_{72}
		沉积物 B_8	总氮 C_{81}
			总磷 C_{82}
			有机质 C_{83}
			重金属风险指数 C_{84}

目标层	方案层	因素层	指标层
生态安全综合指数（V）	水生态健康（A_2）	水生生物多样性 B_9	浮游植物多样性指数 C_{91}
			浮游动物多样性指数 C_{92}
			底栖生物多样性指数 C_{93}
			沉—浮—漂—挺水植物覆盖度 C_{94}
	生态服务功能（A_3）	饮用水服务功能 B_{10}	集中饮用水水质达标率 C_{101}
		水源涵养功能 B_{11}	林草覆盖率 C_{111}
		栖息地功能 B_{12}	湿地面积占总面积的比例 C_{121}
		拦截净化功能 B_{13}	湖（库）滨自然岸线率 C_{131}
		人文景观功能 B_{14}	自然保护区级别 C_{141}
			珍稀物种生境代表性 C_{142}
	调控管理（A_4）	资金投入 B_{15}	环保投入指数 C_{151}
		污染治理 B_{16}	工业企业废水排放稳定达标率 C_{161}
			城镇生活污水集中处理率 C_{162}
			农村生活污水处理率 C_{163}
			水土流失治理率 C_{164}
		监管能力 B_{17}	监管能力指数 C_{171}
		长效机制 B_{18}	长效管理机制构建 C_{181}

6.2 参照标准的确定

在开展水库生态安全调查与评估的研究过程中，需要制定评价标准，根据相应的标准，确定某一评价单元特定的指标属于哪一个等级。在指标标准值确定的过程中，主要参考以下原则：

①对于已有的国家标准、国际标准或经过研究已经确定的标准，尽量沿用其标准值。

②参考国内外具有良好特色的流域现状值作为分级标准。

③依据现有的湖（库）与流域社会、经济协调发展的理论，将定量化指标作为

分级标准。

④对于目前研究较少但对其环境影响评价较为重要的指标，在缺乏有关指标统计数据时，暂时根据经验数据进行分级。

本次评估中各指标层指标的参照标准及设定依据具体见表 6-2。

表 6-2 各指标层指标的参照标准及设定依据一览表

序号	指标层	单位	参照标准	设定依据
1	人口密度 C_{11}	人/km^2	296.1	辽宁省平均值
2	人口增长率 C_{12}	‰	0	人口增长为零，无影响
3	人均 GDPC_{21}	万元	2.62～11.09	2015 年各地级市平均值范围
4	人类活动强度指数 C_{31}	—	0.79	辽宁省平均值
5	湖泊近岸缓冲区人类活动扰动指数 C_{32}	—	0.14	保护区内人类活动强度指数平均值
6	单位面积面源 COD 负荷 C_{41}	t/（km^2·a）	2.05	2015 年单位面积污染物排放负荷
7	单位面积面源 TN 负荷 C_{42}	t/（km^2·a）	0.534	
8	单位面积面源 TP 负荷 C_{43}	t/（km^2·a）	0.059	
9	单位面积点源 COD 负荷 C_{44}	t/（km^2·a）	0.60	
10	单位面积点源 TN 负荷 C_{45}	t/（km^2·a）	0.107	
11	单位面积点源 TP 负荷 C_{46}	t/（km^2·a）	0.016	
12	主要入湖河流 COD 质量浓度 C_{51}	mg/L	15	Ⅱ类标准值
13	主要入湖河流 TN 质量浓度 C_{52}	mg/L	3	氨氮Ⅱ类标准值 6 倍值
14	主要入湖河流 TP 质量浓度 C_{53}	mg/L	0.1	Ⅱ类标准值
15	单位入湖河流水量 C_{54}	m^3/s	2.4～127.4	2015 年入湖水量最大值、最小值
16	溶解氧 C_{61}	mg/L	6	Ⅱ类标准值
17	透明度 C_{62}	m	1.5～2.8	2015 年监测范围值
18	氨氮 C_{63}	mg/L	0.5	Ⅱ类标准值

序号	指标层	单位	参照标准	设定依据
19	总磷 C_{64}	mg/L	0.025	Ⅱ类标准值
20	总氮 C_{65}	mg/L	1.10～2.37	2015 年监测范围值
21	高锰酸盐指数 C_{66}	mg/L	4	Ⅱ类标准值
22	叶绿素 a C_{71}	μg/L	4.11～4.80	2015 年监测范围值
23	综合营养指数 C_{72}	—	30～70	营养指数分级标准值
24	总氮 C_{81}	mg/kg	2 520～8 750	2015 年监测范围值
25	总磷 C_{82}	mg/kg	908～1 345	2015 年监测范围值
26	有机质 C_{83}	g/kg	3.59～8.31	2015 年监测范围值
27	重金属风险指数 C_{84}	—	150～1 200	生态危害指标分级标准值
28	浮游植物多样性指数 C_{91}	—	2.42～3.71	2015 年监测范围值
29	浮游动物多样性指数 C_{92}	—	2.225～3.597	2015 年监测范围值
30	底栖生物多样性指数 C_{93}	—	0～1.58	2015 年监测范围值
31	沉—浮—漂—挺水植物覆盖度 C_{94}	%	10	经验值
32	集中饮用水水质达标率 C_{101}	%	100	全部达标
33	林草覆盖率 C_{111}	%	98.0	除去湿地占地百分比
34	湿地面积占总面积的比例 C_{121}	%	16.7	除去林草占地百分比
35	湖（库）滨自然岸线率 C_{131}	%	100	全部未开发或自然状态
36	自然保护区级别 C_{141}	—	5	国家自然保护区
37	珍稀物种生境代表性 C_{142}	—	100	满分
38	环保投入指数 C_{151}	%	1.5	发达国家经验值
39	工业企业废水排放稳定达标率 C_{161}	%	100	全部达标
40	城镇生活污水集中处理率 C_{162}	%	100	全部处理
41	农村生活污水处理率 C_{163}	%	100	全部处理
42	水土流失治理率 C_{164}	%	100	全部治理
43	监管能力指数 C_{171}	—	100	满分
44	长效管理机制构建 C_{181}	—	100	满分

6.3　数据的预处理和标准化

环境与生态的质量—效应变化符合 Weber-Fishna 定律，即当环境与生态质量指标成等比变化时，环境与生态效应成等差变化。

根据该定律，进行指标无量纲化和标准化：

①正向型指标：$r_{ij}=x_{ij}/s_{ij}$。

②负向型指标：$r_{ij}=s_{ij}/x_{ij}$。

其中，x_{ij} 是 i 指标在采样点 j 的实测值；s_{ij} 是指标因子的参考标准；r_{ij} 为评价指标的无量纲化值，此处需满足 $0\leqslant r_{ij}\leqslant 1$，大于 1 的按 1 取值。

对于不符合 Weber-Fishna 定律的指标，应当借鉴该定律从质量－效应变化来分析确定转换方法。对于有阈值指标，在阈值内以阈值为标准值进行转换，阈值外做 0 处理。

本次评估各指标层指标的数据预处理及标准化结果具体见表 6-3。

表 6-3　各指标层指标的数据预处理及标准化结果一览表

序号	指标层	单位	2015 年实际数据	参照标准	标准化数据
1	人口密度 C_{11}	人/km^2	92.5	296.1	0.69
2	人口增长率 C_{12}	‰	−3	0	1.00
3	人均 GDPC_{21}	万元	3.86	2.62～11.09	0.85
4	人类活动强度指数 C_{31}	—	0.14	0.79	0.82
5	湖泊近岸缓冲区人类活动扰动指数 C_{32}	—	0.06	0.14	0.57
6	单位面积面源 COD 负荷 C_{41}	t/（km^2·a）	0.38	2.05	0.81
7	单位面积面源 TN 负荷 C_{42}	t/（km^2·a）	0.15	0.534	0.72
8	单位面积面源 TP 负荷 C_{43}	t/（km^2·a）	0.012	0.059	0.80
9	单位面积点源 COD 负荷 C_{44}	t/（km^2·a）	0.4	0.60	0.33
10	单位面积点源 TN 负荷 C_{45}	t/（km^2·a）	0.072	0.107	0.33

序号	指标层	单位	2015 年实际数据	参照标准	标准化数据
11	单位面积点源 TP 负荷 C_{46}	t/（km^2·a）	0.01	0.016	0.38
12	主要入湖河流 COD 质量浓度 C_{51}	mg/L	6.6	15	1.00
13	主要入湖河流 TN 质量浓度 C_{52}	mg/L	2.5	3	1.00
14	主要入湖河流 TP 质量浓度 C_{53}	mg/L	0.04	0.1	1.00
15	单位入湖河流水量 C_{54}	m^3/s	93.3	2.4～127.4	0.73
16	溶解氧 C_{61}	mg/L	10.5	6	1.00
17	透明度 C_{62}	m	1.9	1.5～2.8	0.31
18	氨氮 C_{63}	mg/L	0.042	0.5	1.00
19	总磷 C_{64}	mg/L	0.02	0.025	1.00
20	总氮 C_{65}	mg/L	2.04	1.10～2.37	0.26
21	高锰酸盐指数 C_{66}	mg/L	2.7	4	1.00
22	叶绿素 a C_{71}	μg/L	4.24	4.11～4.80	0.81
23	综合营养指数 C_{72}	—	40.70	30～70	0.73
24	总氮 C_{81}	mg/kg	4578	2 520～8 750	0.67
25	总磷 C_{82}	mg/kg	1152	908～1 345	0.44
26	有机质 C_{83}	g/kg	4.82	3.59～8.31	0.74
27	重金属风险指数 C_{84}	—	43.6	150～1 200	1.00
28	浮游植物多样性指数 C_{91}	—	3.02	2.42～3.71	0.47
29	浮游动物多样性指数 C_{92}	—	2.845	2.225～3.597	0.45
30	底栖生物多样性指数 C_{93}	—	1.04	0～1.58	0.66
31	沉—浮—漂—挺水植物覆盖度 C_{94}	%	0	10	0.00
32	集中饮用水水质达标率 C_{101}	%	100	100	1.00
33	林草覆盖率 C_{111}	%	83.3	98.0	0.85
34	湿地面积占总面积的比例 C_{121}	%	2	16.7	0.12
35	湖（库）滨自然岸线率 C_{131}	%	90.6	100	0.91

序号	指标层	单位	2015 年实际数据	参照标准	标准化数据
36	自然保护区级别 C_{141}	—	4	5	0.80
37	珍稀物种生境代表性 C_{142}	—	80	100	0.80
38	环保投入指数 C_{151}	%	2.24	1.5	1.00
39	工业企业废水排放稳定达标率 C_{161}	%	100	100	1.00
40	城镇生活污水集中处理率 C_{162}	%	72.4	100	0.72
41	农村生活污水处理率 C_{163}	%	60	100	0.60
42	水土流失治理率 C_{164}	%	35	100	0.35
43	监管能力指数 C_{171}	—	95	100	0.95
44	长效管理机制构建 C_{181}	—	95	100	0.95

6.4 权重的确定

目前，确定权重的方法主要有主观赋权法、客观赋权法和主客观结合赋权法。主观赋权法是根据各个指标的主观重视程度进行赋权的一种方法，如排序法、专家咨询法、模糊综合评判法、层次分析法（AHP）等。客观赋权法是将各个指标根据一定的规律或规则进行自动赋权的一种方法，主要有主成分分析法、因子分析法、熵值赋权法等。主客观结合赋权法是上述两种方法的综合运用。由于客观赋权法和主客观结合赋权法存在各种条件限制而影响其实际应用，因而主观赋权法更多地被采用。

鉴于评估指南及本次评估所设置的指标体系是一个典型的递阶层次结构，因此采用层次分析法和专家咨询法相结合的方法来确定各项评价指标的权重。而且用层次分析法来确定权重可避免大量指标同时赋权的混乱和失误，从而提高预测和评价的简便性和准确性。

层次分析法(AHP)是美国著名运筹学家 A. L. Saaty 于 20 世纪 70 年代提出的。层次分析法体现了人类决策思维的基本特征：分解、判断、综合，并以它的简洁性、实用性、适应性和系统性得到了世界各国的广泛应用，引起了数学界和经济学界的高度重视，在目前所有确定指标权重的方法中，层次分析法是一种比较科学合理、简单易行的方法。层次分析法的基本原理是把复杂的问题分解为各个组成元素，将这些元素按支配关系分组形成有序的递阶层次结构，根据一定的比率标度，通过两两比较的方式，将判断定量化，形成比较判断矩阵，计算确定层次中诸元素的相对重要性。具体是先计算各层指标单排序权值，然后再计算各层指标相对于总目标的组合排序权值，以决定诸元素相对重要性的总的顺序。

层次分析法步骤如下：

6.4.1 建立层次结构模型

根据《湖泊生态安全调查与评估技术指南（试行）》，评估指标体系为层次结构模型，由目标层（*V*）、方案层（*A*）、因素层（*B*）、指标层（*C*）构成，包括 1 个目标层、4 个方案层、18 个因素层和 44 个指标层指标。同一层诸因素从属于上一层的因素或对上一层因素有影响，同时又从属于下一层的因素或受到下一层因素的作用。同一层的因素之间应尽量独立。

6.4.2 构造判断矩阵

根据递阶层次结构能够很容易地构造判断矩阵。从层次结构模型的第 2 层开始，对于从属于（或影响及）上一层每个因素的同一层因素，用成对比较法和 1～9 比较尺度构造成对比较阵，直到最下层。构造判断矩阵的方法为：每一个具有向下隶属关系的元素（被称作准则）作为判断矩阵的第一个元素（位于左上角），隶属于它的各个元素依次排列在其后的第一行和第一列。

在组建专家小组时，选聘专家包括不同学科范围和不同职业结构的专家，力求使专家群视野开阔，以达到集思广益的效果。邀请专家对评估指标进行重要性辨识，向专家反复询问：针对判断矩阵的准则，其中两个元素两两比较哪个重要，重要多少，对重要性程度按 1～9 赋值。重要性标度的含义见表 6-4。

表 6-4　重要性标度的含义一览表

序号	重要性标度	含义
1	1	表示两个元素相比，具有同等重要性
2	3	表示两个元素相比，前者比后者稍重要
3	5	表示两个元素相比，前者比后者明显重要
4	7	表示两个元素相比，前者比后者强烈重要
5	9	表示两个元素相比，前者比后者极端重要
6	2，4，6，8	表示上述判断的中间值
7	倒数	若元素 i 与元素 j 的重要性之比为 a_{ij}； 则元素 j 与元素 i 的重要性之比为 $a_{ji}=1/a_{ij}$

本次湖泊生态安全评估指标体系共分为目标层（V）、方案层（A）、因素层（B）和指标层（C）。根据层次结构体系及专家咨询结果构造判断矩阵 V、A_i、B_i。判断矩阵中 $a_{ij}=\dfrac{a_i}{a_j}$，$a_{ij}=\dfrac{1}{a_{ji}}$，$a_{ij}=1$（$i=j$）。

构造的判断矩阵具体如下：

（1）判断矩阵 V

V		a_j			
		A_1	A_2	A_3	A_4
a_i	A_1	a_{11}	a_{12}	a_{13}	a_{14}
	A_2	a_{21}	a_{22}	a_{23}	a_{24}
	A_3	a_{31}	a_{32}	a_{33}	a_{34}
	A_4	a_{41}	a_{42}	a_{43}	a_{44}

（2）判断矩阵 A

①判断矩阵 A_1

A_1		a_j				
		B_1	B_2	B_3	B_4	B_5
	B_1	a_{11}	a_{12}	a_{13}	a_{14}	a_{15}
	B_2	a_{21}	a_{22}	a_{23}	a_{24}	a_{25}
a_i	B_3	a_{31}	a_{32}	a_{33}	a_{34}	a_{35}
	B_4	a_{41}	a_{42}	a_{43}	a_{44}	a_{45}
	B_5	a_{51}	a_{52}	a_{53}	a_{54}	a_{55}

②判断矩阵 A_2

A_2		a_j			
		B_6	B_7	B_8	B_9
	B_6	a_{11}	a_{12}	a_{13}	a_{14}
a_i	B_7	a_{21}	a_{22}	a_{23}	a_{24}
	B_8	a_{31}	a_{32}	a_{33}	a_{34}
	B_9	a_{41}	a_{42}	a_{43}	a_{44}

③判断矩阵 A_3

A_3		a_j				
		B_{10}	B_{11}	B_{12}	B_{13}	B_{14}
	B_{10}	a_{11}	a_{12}	a_{13}	a_{14}	a_{15}
	B_{11}	a_{21}	a_{22}	a_{23}	a_{24}	a_{25}
a_i	B_{12}	a_{31}	a_{32}	a_{33}	a_{34}	a_{35}
	B_{13}	a_{41}	a_{42}	a_{43}	a_{44}	a_{45}
	B_{14}	a_{51}	a_{52}	a_{53}	a_{54}	a_{55}

④判断矩阵 A_4

A_4		a_j			
		B_{15}	B_{16}	B_{17}	B_{18}
a_i	B_{15}	a_{11}	a_{12}	a_{13}	a_{14}
	B_{16}	a_{21}	a_{22}	a_{23}	a_{24}
	B_{17}	a_{31}	a_{32}	a_{33}	a_{34}
	B_{18}	a_{41}	a_{42}	a_{43}	a_{44}

（3）判断矩阵 B

①判断矩阵 B_4

B_4		a_j					
		C_{41}	C_{42}	C_{43}	C_{44}	C_{45}	C_{46}
a_i	C_{41}	a_{11}	a_{12}	a_{13}	a_{14}	a_{15}	a_{16}
	C_{42}	a_{21}	a_{22}	a_{23}	a_{24}	a_{25}	a_{26}
	C_{43}	a_{31}	a_{32}	a_{33}	a_{34}	a_{35}	a_{36}
	C_{44}	a_{41}	a_{42}	a_{43}	a_{44}	a_{45}	a_{46}
	C_{45}	a_{51}	a_{52}	a_{53}	a_{54}	a_{55}	a_{56}
	C_{46}	a_{61}	a_{62}	a_{63}	a_{64}	a_{65}	a_{66}

②判断矩阵 B_5

B_5		a_j			
		C_{51}	C_{52}	C_{53}	C_{54}
a_i	C_{51}	a_{11}	a_{12}	a_{13}	a_{14}
	C_{52}	a_{21}	a_{22}	a_{23}	a_{24}
	C_{53}	a_{31}	a_{32}	a_{33}	a_{34}
	C_{54}	a_{41}	a_{42}	a_{43}	a_{44}

③判断矩阵 B_6

B_6		a_j					
		C_{61}	C_{62}	C_{63}	C_{64}	C_{65}	C_{66}
a_i	C_{61}	a_{11}	a_{12}	a_{13}	a_{14}	a_{15}	a_{16}
	C_{62}	a_{21}	a_{22}	a_{23}	a_{24}	a_{25}	a_{26}
	C_{63}	a_{31}	a_{32}	a_{33}	a_{34}	a_{35}	a_{36}
	C_{64}	a_{41}	a_{42}	a_{43}	a_{44}	a_{45}	a_{46}
	C_{65}	a_{51}	a_{52}	a_{53}	a_{54}	a_{55}	a_{56}
	C_{66}	a_{61}	a_{62}	a_{63}	a_{64}	a_{65}	a_{66}

④判断矩阵 B_8

B_8		a_j			
		C_{81}	C_{82}	C_{83}	C_{84}
a_i	C_{81}	a_{11}	a_{12}	a_{13}	a_{14}
	C_{82}	a_{21}	a_{22}	a_{23}	a_{24}
	C_{83}	a_{31}	a_{32}	a_{33}	a_{34}
	C_{84}	a_{41}	a_{42}	a_{43}	a_{44}

⑤判断矩阵 B_9

B_9		a_j			
		C_{91}	C_{92}	C_{93}	C_{94}
a_i	C_{91}	a_{11}	a_{12}	a_{13}	a_{14}
	C_{92}	a_{21}	a_{22}	a_{23}	a_{24}
	C_{93}	a_{31}	a_{32}	a_{33}	a_{34}
	C_{94}	a_{41}	a_{42}	a_{43}	a_{44}

⑥判断矩阵 B_{16}

B_{16}		a_j			
		C_{161}	C_{162}	C_{163}	C_{164}
a_i	C_{161}	a_{11}	a_{12}	a_{13}	a_{14}
	C_{162}	a_{21}	a_{22}	a_{23}	a_{24}
	C_{163}	a_{31}	a_{32}	a_{33}	a_{34}
	C_{164}	a_{41}	a_{42}	a_{43}	a_{44}

6.4.3 求解最大特征值和特征向量

判断矩阵的最大特征值和特征向量采用几何平均近似法（即方根法）计算。具体计算步骤如下：

（1）计算判断矩阵各行各元素乘积

$$m_i = \prod_{i=1}^{n} a_{ij} \quad i = 1, 2, \cdots, n$$

（2）计算 m_i 的 n 次方根

$$\overline{\xi}_i = \sqrt[n]{m_i}$$

得到的 $\overline{\xi} = (\overline{\xi}_1, \overline{\xi}_1, \cdots, \overline{\xi}_n)^T$ 为所求判断矩阵的特征向量。

（3）对特征向量 $\overline{\xi}$ 进行规范化

$$\hat{\xi}_i = \frac{\overline{\xi}_i}{\sum_{j=1}^{n} \overline{\xi}_j} \quad j = 1, 2, \cdots, n$$

得到的 $\hat{\xi} = (\hat{\xi}_1, \hat{\xi}_2, \cdots, \hat{\xi}_n)^T$ 为所求判断矩阵的规范化特征向量，即各因素的权重值，又叫作权重向量。

（4）计算判断矩阵的最大特征值 $\lambda_{\max}$

$$\lambda_{\max} = \frac{1}{n} \sum_{i=1}^{n} \frac{(V\hat{\xi})_i}{\hat{\xi}_i}$$

其中，$(V\hat{\xi})_i$ 为向量 $V\hat{\xi}$ 的第 i 个元素。

6.4.4 检验判断矩阵的一致性

为了检验判断矩阵的一致性，定义 $CI=\frac{\lambda_{max}-n}{n-1}$。当判断矩阵完全一致时，CI=0；CI 值越大，判断矩阵的一致性越差。

当判断矩阵阶数 $n\leq2$ 时，判断矩阵具有完全一致性；当阶数 $n>2$ 时，定义 $CR=\frac{CI}{RI}$ 为判断矩阵的随机一致性比例。其中，RI 为平均随机一致性指标，具体数值见表 6-5。

表 6-5 平均随机一致性指标一览表

矩阵阶数 n	3	4	5	6	7	8	9
平均随机一致性指标 RI	0.58	0.90	1.12	1.24	1.32	1.41	1.45

当 CR<0.1 时，判断矩阵具有满意的一致性；当 CR≥0.1 时，需要重新调整判断矩阵。

6.4.5 求解最终权重向量

（1）判断矩阵 V

$$\xi'_V=(\xi'_{A_1},\xi'_{A_2},\xi'_{A_3},\xi'_{A_4})^T=(0.141,0.455,0.263,0.141)^T$$

计算结果同时表明，方案层的 4 项指标（A_1～A_4）包括社会经济影响（A_1）、水生态健康（A_2）、生态服务功能（A_3）、调控管理（A_4），相对于目标层 V 的权重系数分别为 0.141、0.455、0.263、0.141。

（2）判断矩阵 A

①判断矩阵 A_1

$$\xi'_{A_1}=(\xi'_{B_1},\xi'_{B_2},\xi'_{B_3},\xi'_{B_4},\xi'_{B_5})^T=(0.064,0.108,0.181,0.330,0.316)^T$$

计算结果同时表明，因素层的 5 项指标（B_1～B_5）包括人口 B_1、经济 B_2、社会

B_3、流域污染负荷 B_4、入湖河流 B_5，相对于方案层 A_1 的权重系数分别为 0.064、0.108、0.181、0.330、0.316。

②判断矩阵 A_2

$$\xi'_{A_2}=(\xi'_{B_6},\xi'_{B_7},\xi'_{B_8},\xi'_{B_9})^T=(0.467,0.278,0.160,0.095)^T$$

计算结果同时表明，因素层的 4 项指标（B_6～B_9）包括水质 B_6、富营养化 B_7、沉积物 B_8、水生生物多样性 B_9，相对于方案层 A_2 的权重系数分别为 0.467、0.278、0.160、0.095。

③判断矩阵 A_3

$$\xi'_{A_3}=(\xi'_{B_{10}},\xi'_{B_{11}},\xi'_{B_{12}},\xi'_{B_{13}},\xi'_{B_{14}})^T=(0.482,0.239,0.103,0.108,0.068)^T$$

计算结果同时表明，因素层的 5 项指标（B_{10}～B_{14}）包括饮用水服务功能 B_{10}、水源涵养功能 B_{11}、栖息地功能 B_{12}、拦截净化功能 B_{13}、人文景观功能 B_{14}，相对于方案层 A_3 的权重系数分别为 0.482、0.239、0.103、0.108、0.068。

④判断矩阵 A_4

$$\xi'_{A_4}=(\xi'_{B_{15}},\xi'_{B_{16}},\xi'_{B_{17}},\xi'_{B_{18}})^T=(0.122,0.423,0.227,0.227)^T$$

计算结果同时表明，因素层的 4 项指标（B_{15}～B_{18}）包括资金投入 B_{15}、污染治理 B_{16}、监管能力 B_{17}、长效机制 B_{18}，相对于方案层 A_4 的权重系数分别为 0.122、0.423、0.227、0.227。

（3）判断矩阵 B

①判断矩阵 B_4

$$\xi'_{B_4}=(\xi'_{C_{41}},\xi'_{C_{42}},\xi'_{C_{43}},\xi'_{C_{44}},\xi'_{C_{45}},\xi'_{C_{46}})^T=(0.318,0.164,0.164,0.175,0.090,0.090)^T$$

计算结果同时表明，指标层的 6 项指标（C_{41}～C_{46}）包括单位面积面源 COD 负荷 C_{41}、单位面积面源 TN 负荷 C_{42}、单位面积面源 TP 负荷 C_{43}、单位面积点源 COD 负荷 C_{44}、单位面积点源 TN 负荷 C_{45}、单位面积点源 TP 负荷 C_{46}，相对于因素层 B_4 的权重系数分别为 0.318、0.164、0.164、0.175、0.090、0.090。

②判断矩阵 B_5

$$\xi'_{B_5}=(\xi'_{C_{51}},\xi'_{C_{52}},\xi'_{C_{53}},\xi'_{C_{54}})^T=(0.423,0.227,0.227,0.122)^T$$

计算结果同时表明，指标层的 4 项指标（C_{51}～C_{54}）包括主要入湖河流 COD 质

量浓度 C_{51}、主要入湖河流 TN 质量浓度 C_{52}、主要入湖河流 TP 质量浓度 C_{53}、单位入湖河流水量 C_{54}，相对于因素层 B_5 的权重系数分别为 0.423、0.227、0.227、0.122。

③判断矩阵 B_6

$$\xi'_{B_6}=(\xi'_{C_{61}},\xi'_{C_{62}},\xi'_{C_{63}},\xi'_{C_{64}},\xi'_{C_{65}},\xi'_{C_{66}})^T=(0.209,0.096,0.209,0.138,0.138,0.209)^T$$

计算结果同时表明，指标层的 6 项指标（C_{61}～C_{66}）包括溶解氧 C_{61}、透明度 C_{62}、氨氮 C_{63}、总磷 C_{64}、总氮 C_{65}、高锰酸盐指数 C_{66}，相对于因素层 B_6 的权重系数分别为 0.209、0.096、0.209、0.138、0.138、0.209。

④判断矩阵 B_8

$$\xi'_{B_8}=(\xi'_{C_{81}},\xi'_{C_{82}},\xi'_{C_{83}},\xi'_{C_{84}})^T=(0.190,0.190,0.105,0.515)^T$$

计算结果同时表明，指标层的 4 项指标（C_{81}～C_{84}）包括总氮 C_{81}、总磷 C_{82}、有机质 C_{83}、重金属风险指数 C_{84}，相对于因素层 B_8 的权重系数分别为 0.190、0.190、0.105、0.515。

⑤判断矩阵 B_9

$$\xi'_{B_9}=(\xi'_{C_{91}},\xi'_{C_{92}},\xi'_{C_{93}},\xi'_{C_{94}})^T=(0.391,0.195,0.276,0.138)^T$$

计算结果同时表明，指标层的 4 项指标（C_{91}～C_{94}）包括浮游植物多样性指数 C_{91}、浮游动物多样性指数 C_{92}、底栖生物多样性指数 C_{93}、沉—浮—漂—挺水植物覆盖度 C_{94}，相对于因素层 B_9 的权重系数分别为 0.391、0.195、0.276、0.138。

⑥判断矩阵 B_{16}

$$\xi'_{B_{16}}=(\xi'_{C_{161}},\xi'_{C_{162}},\xi'_{C_{163}},\xi'_{C_{164}})^T=(0.138,0.391,0.276,0.195)^T$$

计算结果同时表明，指标层的 4 项指标（C_{161}～C_{164}）包括工业企业废水排放稳定达标率 C_{161}、城镇生活污水集中处理率 C_{162}、农村生活污水处理率 C_{163}、水土流失治理率 C_{164}，相对于因素层 B_{16} 的权重系数分别为 0.138、0.391、0.276、0.195。

6.4.6 层次总排序

层次总排序即组合权系数计算。以上计算得出的权重系数均为下一层指标相对于上一层指标的相对权重；经过层次总排序，将所有的权重系数均转化为相对于目标层 V 的绝对权重。经计算，各指标层指标的重要性分值判定结果见表 6-6。

表 6-6 各指标层指标的重要性分值判定结果一览表

目标层	方案层	因素层	指标层	权重系数（×100）
生态安全综合指数（V）	社会经济影响（A_1）	人口 B_1	人口密度 C_{11}	0.45
			人口增长率 C_{12}	0.45
		经济 B_2	人均 GDP C_{21}	1.52
		社会 B_3	人类活动强度指数 C_{31}	1.02
			湖泊近岸缓冲区人类活动扰动指数 C_{32}	1.54
		流域污染负荷 B_4	单位面积面源 COD 负荷 C_{41}	1.48
			单位面积面源 TN 负荷 C_{42}	0.76
			单位面积面源 TP 负荷 C_{43}	0.76
			单位面积点源 COD 负荷 C_{44}	0.82
			单位面积点源 TN 负荷 C_{45}	0.42
			单位面积点源 TP 负荷 C_{46}	0.42
		入湖河流 B_5	主要入湖河流 COD 质量浓度 C_{51}	1.89
			主要入湖河流 TN 质量浓度 C_{52}	1.01
			主要入湖河流 TP 质量浓度 C_{53}	1.01
			单位入湖河流水量 C_{54}	0.54
	水生态健康（A_2）	水质 B_6	溶解氧 C_{61}	4.44
			透明度 C_{62}	2.04
			氨氮 C_{63}	4.44
			总磷 C_{64}	2.94
			总氮 C_{65}	2.94
			高锰酸盐指数 C_{66}	4.44
		富营养化 B_7	叶绿素 a C_{71}	8.84
			综合营养指数 C_{72}	3.79

目标层	方案层	因素层	指标层	权重系数（×100）
生态安全综合指数（V）	水生态健康（A_2）	沉积物 B_8	总氮 C_{81}	1.39
			总磷 C_{82}	1.39
			有机质 C_{83}	0.77
			重金属风险指数 C_{84}	3.76
		水生生物多样性 B_9	浮游植物多样性指数 C_{91}	1.69
			浮游动物多样性指数 C_{92}	0.85
			底栖生物多样性指数 C_{93}	1.20
			沉—浮—漂—挺水植物覆盖度 C_{94}	0.60
	生态服务功能（A_3）	饮用水服务功能 B_{10}	集中饮用水水质达标率 C_{101}	12.67
		水源涵养功能 B_{11}	林草覆盖率 C_{111}	6.28
		栖息地功能 B_{12}	湿地面积占总面积的比例 C_{121}	2.71
		拦截净化功能 B_{13}	湖（库）滨自然岸线率 C_{131}	2.83
		人文景观功能 B_{14}	自然保护区级别 C_{141}	0.71
			珍稀物种生境代表性 C_{142}	1.07
	调控管理（A_4）	资金投入 B_{15}	环保投入指数 C_{151}	1.72
		污染治理 B_{16}	工业企业废水排放稳定达标率 C_{161}	0.82
			城镇生活污水集中处理率 C_{162}	2.33
			农村生活污水处理率 C_{163}	1.65
			水土流失治理率 C_{164}	1.17
		监管能力 B_{17}	监管能力指数 C_{171}	3.21
		长效机制 B_{18}	长效管理机制构建 C_{181}	3.21
合计				100

6.5　生态安全分级标准

根据《湖泊生态安全调查与评估技术指南》，生态安全指数等级划分标准具体见表 6-7。

表 6-7　生态安全指数等级划分标准一览表

分级	生态安全指数（ESI）	安全状态	预警颜色
I	80≤ESI≤100	安全	●
II	60≤ESI<80	较安全	●
III	40≤ESI<60	一般安全	●
IV	20≤ESI<40	欠安全	●
V	ESI<20	很不安全	●

6.6　综合评估结果及分析

6.6.1　方案层评估

方案层评估包括社会经济影响评估（A_1）、水生态健康评估（A_2）、生态服务功能评估（A_3）和调控管理评估（A_4）4 个方面。方案层评估采用分级评分、逐级加权的方法，包括指标层分值的计算、指标层对方案层权重的计算和方案层分值计算。

经计算，指标层、方案层的层次排序（即权重系数）结果及具体分值见表 6-8、表 6-9 及图 6-1。

表 6-8　各指标层指标的重要性分值判定结果一览表

目标层	方案层	因素层	指标层	权重系数	分值
生态安全综合指数（V）	社会经济影响（A_1）	人口 B_1	人口密度 C_{11}	0.45	0.31
			人口增长率 C_{12}	0.45	0.45
		经济 B_2	人均 GDP C_{21}	1.52	1.29
		社会 B_3	人类活动强度指数 C_{31}	1.02	0.84
			湖泊近岸缓冲区人类活动扰动指数 C_{32}	1.54	0.88
		流域污染负荷 B_4	单位面积面源 COD 负荷 C_{41}	1.48	1.20
			单位面积面源 TN 负荷 C_{42}	0.76	0.55
			单位面积面源 TP 负荷 C_{43}	0.76	0.61
			单位面积点源 COD 负荷 C_{44}	0.82	0.27
			单位面积点源 TN 负荷 C_{45}	0.42	0.14
			单位面积点源 TP 负荷 C_{46}	0.42	0.16
		入湖河流 B_5	主要入湖河流 COD 质量浓度 C_{51}	1.89	1.89
			主要入湖河流 TN 质量浓度 C_{52}	1.01	1.01
			主要入湖河流 TP 质量浓度 C_{53}	1.01	1.01
			单位入湖河流水量 C_{54}	0.54	0.40
		小计		14.1	11.0
	水生态健康（A_2）	水质 B_6	溶解氧 C_{61}	4.44	4.44
			透明度 C_{62}	2.04	0.63
			氨氮 C_{63}	4.44	4.44
			总磷 C_{64}	2.94	2.94
			总氮 C_{65}	2.94	0.76
			高锰酸盐指数 C_{66}	4.44	4.44
		富营养化 B_7	叶绿素 a C_{71}	8.84	7.16
			综合营养指数 C_{72}	3.79	2.77

目标层	方案层	因素层	指标层	权重系数	分值
生态安全综合指数（V）	水生态健康（A_2）	沉积物 B_8	总氮 C_{81}	1.39	0.93
			总磷 C_{82}	1.39	0.61
			有机质 C_{83}	0.77	0.57
			重金属风险指数 C_{84}	3.76	3.76
		水生生物多样性 B_9	浮游植物多样性指数 C_{91}	1.69	0.80
			浮游动物多样性指数 C_{92}	0.85	0.38
			底栖生物多样性指数 C_{93}	1.20	0.79
			沉—浮—漂—挺水植物覆盖度 C_{94}	0.60	0.00
		小计		45.5	35.4
	生态服务功能（A_3）	饮用水服务功能 B_{10}	集中饮用水水质达标率 C_{101}	12.67	12.67
		水源涵养功能 B_{11}	林草覆盖率 C_{111}	6.28	5.34
		栖息地功能 B_{12}	湿地面积占总面积的比例 C_{121}	2.71	0.32
		拦截净化功能 B_{13}	湖（库）滨自然岸线率 C_{131}	2.83	2.57
		人文景观功能 B_{14}	自然保护区级别 C_{141}	0.71	0.57
			珍稀物种生境代表性 C_{142}	1.07	0.86
		小计		26.3	22.3
	调控管理（A_4）	资金投入 B_{15}	环保投入指数 C_{151}	1.72	1.72
		污染治理 B_{16}	工业企业废水排放稳定达标率 C_{161}	0.82	0.82
			城镇生活污水集中处理率 C_{162}	2.33	1.68
			农村生活污水处理率 C_{163}	1.65	0.99
			水土流失治理率 C_{164}	1.17	0.41
		监管能力 B_{17}	监管能力指数 C_{171}	3.21	3.05
		长效机制 B_{18}	长效管理机制构建 C_{181}	3.21	3.05
		小计		14.1	11.7
合计				100	80.5

表 6-9　方案层指标的重要性分值判定结果一览表

类别		权重系数	分值	得分占比/%
方案层	社会经济影响（A_1）	14.1	11.0	78.1
	水生态健康（A_2）	45.5	35.4	77.8
	生态服务功能（A_3）	26.3	22.3	85.0
	调控管理（A_4）	14.1	11.7	83.0
目标层	生态安全综合指数（V）	100.0	80.5	80.5

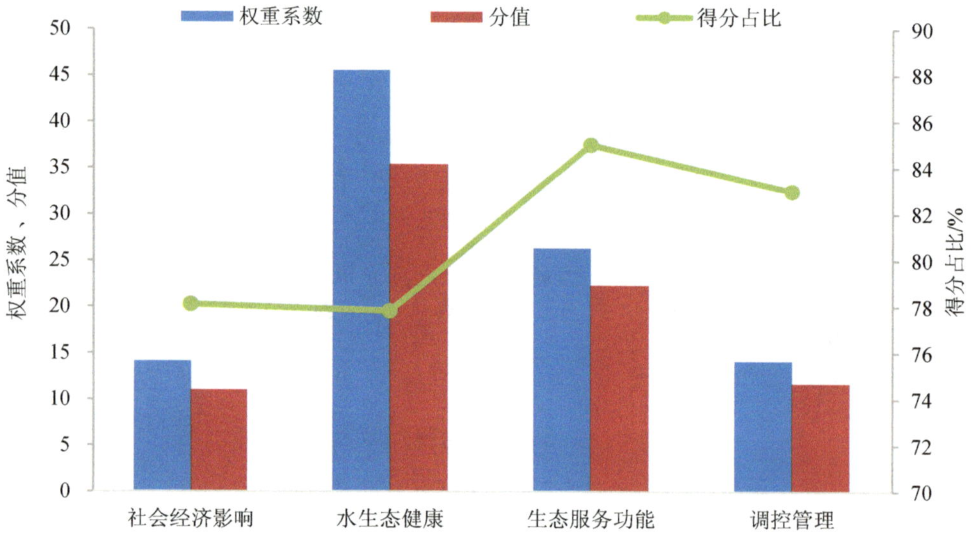

图 6-1　方案层指标权重系数、分值及得分占比图

由图 6-1 和表 6-9 可见，保护区在社会经济影响（A_1）、水生态健康（A_2）方面分值占比未达到 80%，表明社会经济影响方面存在着一定的压力，水生态结构较合理、系统较稳定，但是敏感性强；生态服务功能（A_3）、调控管理（A_4）方面分值占比超过 80%，表明生态服务功能较好，基本处于可持续状态，调控管理方面随着近年来环保政策及项目的实施，对社会经济发展的调控及水库水质水生态的改善作用明显。

6.6.2 目标层评估

生态安全指数（ESI）计算，采用加权求和法计算目标层得分，其结果为 80.5 分，属于“80≤ESI≤100”范围，生态安全指数等级为“Ⅰ”级，安全状态为“安全”，预警颜色为“蓝色”。

在此基础上可以建立包括社会经济影响、水生态健康、生态服务功能、调控管理和生态安全指数的 5 坐标雷达图，具体见图 6-2。

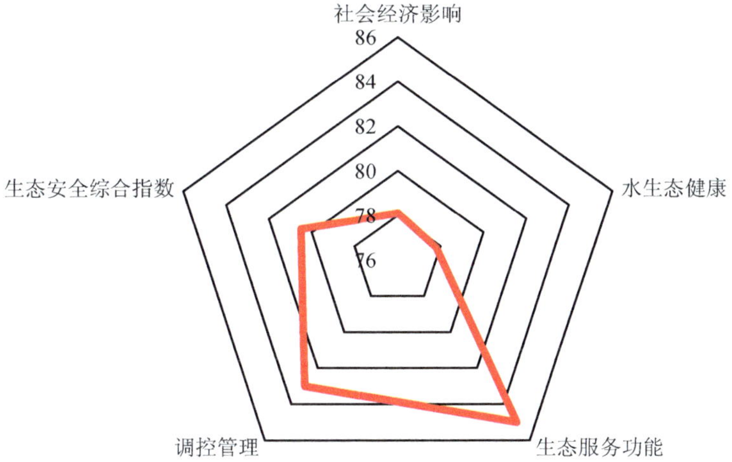

图 6-2 湖泊生态安全评估雷达图

评估结果说明，近年来通过制定相应政策和规范性文件、开展综合整治工作、加大饮用水水源地保护宣传和饮用水水源地环保执法力度、加强饮用水水源地周边环境保护、开展水源地水质监测等一系列措施，不仅保障了饮水安全，还从根本上改善了水源保护区内的生态环境安全状况。

6.7 湖泊生态安全成因诊断

从生态安全评估中方案层的评估结果可知，主要的生态安全问题体现在人类社会经济影响（驱动力、压力）和水生态健康（状态）两个方面，主要问题成因来源于流域污染。

（1）社会经济影响方面

2015 年保护区国内生产总值下降 5.9%，主要体现在第二产业总产值的大幅度下降；保护区内一、二、三产业总产值比例为 1∶2.16∶1.72。

第一产业以畜禽养殖业、种植业为主，其中畜禽养殖的集约化和规模化程度偏低，畜禽养殖的规模不大，废弃物的处理利用率不高。

第二产业占国内生产总值的 43%，工业类型较为单一，主要为采、选矿企业和畜禽加工企业。由于近年来对工矿企业废水加大了治理及回用力度，工矿企业的废水基本实现了零排放。但由于采矿企业均以露天开采为主，矿产开采造成了山体破坏，且集中于汇水区周围，水土流失较为严重。

保护区在充分依托自然资源的基础上大力发展生态旅游业，第三产业目前正在逐步发展为支柱产业，旅游业的快速发展也在一定程度上增加了社会经济影响的压力。

（2）水生态健康方面

水生态健康方面，透明度、总氮，沉积物总氮、总磷以及水生生物多样性指数等指标层指标的分值偏低，透明度、总氮、总磷都是综合营养指数的计算因子，总氮、总磷能够引起水体的富营养化。分析总氮、总磷的来源可知，保护区污染构成中农业面源比重最大，畜禽养殖（规模化养殖及散养）、农业种植和农村生活是总氮、总磷排放的主要来源。

第7章

湖泊生态环境保护综合对策

7.1 湖泊及其流域主要环境问题

湖泊生态环境保护的基本策略是从湖泊所在流域生态系统的完整性出发，以流域生态承载力为约束，以解决主要生态与环境问题为重点，综合运用行政、经济、技术手段，保育和扩大清洁水源，强化污染源治理，大力削减污染物排放量，合理调整产业结构和行业布局，修整和改善环境条件，引导受损生态系统进行自我修复，促进流域自然、社会、经济、环境之间的关系向有利于生态系统平衡和稳定的方向发展。

虽然大伙房水库水质总体良好，但其汇水区内由于历史原因，还存在一定程度的环境污染和环境风险隐患。

（1）农村面源污染较为严重，导致总氮长期超标。库区及入库河流水质总氮指标超标严重（劣Ⅴ类），一方面是北方地理因素决定的，另一方面是由于保护区内总氮排放量较大。分析原因可知，总氮的主要来源为畜禽养殖和农业种植，近年来对保护区内的规模化养殖场（小区）、养殖专业进行了搬迁、治理，结合农村连片整治工作对各村屯的散养畜禽污水、粪便进行了收集，但由于排放基数较大，是库区总氮的主要来源；另外，在农业种植中，化肥中氮肥约 35.4%、磷肥约 4%，以渗漏和地表径流形式进入地表水后，进入库区，是水库氮、磷污染的主要来源。

（2）污水收集管网不完善，污染治理设施运行效率较低。目前，大伙房水库上游的清原镇、红透山镇、南杂木镇、新宾镇、永陵镇、后安镇等 22 个乡镇实现了乡镇污水处理的全覆盖，但由于收集管网不完善、运行管理及经费等实际问题，部分乡镇污水处理厂尚未常年稳定运行，每年仍有上百万吨的乡镇污水没有得到完全处理，而是直接排入浑河、苏子河和社河，最终进入库区。另外，只有 6 座城镇污水处理厂的污水进行了提标改造，达到了一级 A 标准，其余乡镇污水处理厂的处理能力及标准仍较低。

（3）保护区内水土流失造成的总氮、总磷污染较为严重，主要是由于保护区内工业以采矿企业为主，矿山生产是造成生态破坏、水土流失严重、导致水源涵养能力下降的主要原因。矿山开采不可避免地造成山体破坏，土壤随地表径流进入库区沉淀积累，特别是涉及铅、铜等重金属的采选企业，潜在环境风险巨大。

7.2 流域生态环境保护主要任务

（1）以饮用水水质安全保障为核心功能，深化饮用水水源保护

湖泊保护的目标是使湖泊生态系统维持在健康与安全的状态，即能自我净化与良性循环、物种丰富多样（理想的是接近未受人类活动干扰前的自然的群落结构）、生态服务功能完善（满足人类饮水、娱乐、休闲等基本需求）的健康生态系统状态。

大伙房水库最主要的生态服务功能为饮用水服务功能，库区周边的生态安全不仅关系着饮用水安全，同时也关系着社会稳定。深入推进大伙房水源保护区综合治理行动，通过实施一级保护区封闭管护、有机农业生产示范基地建设、畜禽养殖污染防治和生态化发展、矿山综合治理和持续发展、环境基础设施建设、河道综合整治、青山工程、工业企业整治，发展绿色生态产业、生态旅游业和服务业，逐步完善风险防范体系和预警监控体系，有效解决大伙房水源保护区环境污染、生态破坏问题，基本建立起生态安全保障体系，初步实现保护区内生态环境的良性循环。到2020 年年底，大伙房水库水质（按现行评价指标）稳定达到Ⅱ类标准，二级保护区、准保护区内水质基本达到国家地表水Ⅲ类标准（《辽宁省水污染防治工作方案》提出的目标要求）。

（2）以流域生态建设来防止富营养化的进一步发展

解析水库所在流域的生态承载力，建立流域污染物总量控制方案，将污染物控制总量分配到流域内各污染控制单元；通过对水源涵养林进行养护、入湖河道生态重建，以及利用湖滨消落带等库区自然湿地，改善入湖水质，实现流域清水入湖；同时在环境承载力的基础上通过产业之间适当调整，建立社会经济发展友好模式。

（3）以畜禽养殖、农业种植、村镇生活等面源为重点，加强保护区综合调控技术的实施应用

保护区内的污染类型以面源污染为主，污染物主要来自畜禽养殖、农业种植以及水土流失等，且影响面源污染物最终入河量的因素较多，对水库水质影响较大。

针对不同类型的面源污染，分别采用面源污染防治技术、土壤修复技术、水生态修复技术等进行适用性区分，分区域提出面源污染阻控技术和氮、磷削减控制技术措施，形成有针对性和区域特点的面源治理集成技术并实施应用。

加强乡镇污水处理设施运营维护保障机制，对于已经建设完成的污水治理设施，要保证其运行效率和效果，真正发挥其污染治理作用。

（4）加强水库流域管理体系与能力建设

建立统一的水库流域管理平台，明确水库保护的责权和事权，建立基于绩效的水库治理机制，形成“以奖促治”的新型管理模式，提高管理效率；建设集数据监测与收集、预测预警及应急管理于一体的流域生态安全预警网络；深入开展流域生态补偿的研究和试点，强化水库开发利用及保护的环境影响评估，鼓励公众参与水库管理。

7.3 对策及其建议

保护区综合治理工作总体上按照“调整、治理、培育、管理”四位一体的思路展开，即通过实施一级保护区退耕还草，全区发展有机农业、绿色产业，建设生态产业园区等，调整保护区内空间布局和产业结构；通过建设生活污水、垃圾处理设施，以及搬迁改造工业企业等，治理保护区内现有污染源和消除环境风险；通过开展水源涵养林建设，实施河道封育、矿山生态修复等，培育保护区内水源涵养能力；通过完善地方法规和生态补偿机制、组建专门管理机构和执法机构等，强化保护区的日常监督管理工作。

根据本次生态安全调查与评估结果，结合目前保护区综合治理工作成效提出的具体对策及建议如下。

7.3.1 社会经济调控方案

（1）大力推进农药化肥“双减”量行动

进一步扩大测土配方施肥在设施农业、特色林果业等园艺作物上的应用，逐步实现主要农作物测土配方施肥全覆盖；推进新型肥料和施肥技术的示范与推广，集成推广种肥同播、化肥深施等高效施肥技术，不断提高肥料利用率；积极探索有机养分资源利用有效模式，鼓励开展秸秆还田、种植绿肥、增施有机肥，合理调整施肥结构，引导农民积造施用农家肥；结合高标准农田建设，大力开展耕地质量保护与提升行动，着力提升耕地内在质量。

建设自动化、智能化田间监测网点，构建病虫监测预警体系；加快绿色防控技术的推广，因地制宜集成推广适合不同作物的技术模式；选择“三品一标”农产品生产基地，建设一批示范区，带动大面积推广应用绿色防控措施；提升植保装备水平，发展一批反应快速、服务高效的病虫害专业化防治服务组织；大力推进专业化统防统治与绿色防控融合，有效提升病虫害防治组织化程度和科学化水平；加速生物农药、高效低毒低残留农药的推广应用，逐步淘汰高毒农药。

（2）全面发展有机绿色产业

保护区范围内应继续采取可持续发展的农业技术和合理的耕作措施，协调种植业和养殖业的平衡，大力发展有机农业生产示范基地，积极建立可持续发展农业示范区，其核心是建立和恢复农业生态系统的生物多样性和良性循环，以维持农业的可持续发展，解决由传统耕种模式带来的农药、化肥流失污染。有机食品生产基地的建设以生物技术为先导，倡导生态农业的发展，强调合理利用和有效保护自然资源，防止污染，实现资源节约，提倡使用有机肥料。发展生态农业和有机农业，能综合防治农药、化肥等使用不当造成的农业源污染问题，使农田生态环境普遍好转，各种有益生物种群明显增加，农业废弃物得到充分利用，也能够使有机农业生产系统中的生物多样性在不同程度上得到恢复和提高。

（3）合理发展生态旅游业

加快第三产业发展进程，继续提高第三产业在 GDP 中的比重，依托保护区内的自然景观、旅游资源，将保护区建设成生态旅游区。生态旅游区发展通过旅游区利益与社会利益的适当分配，实现区域之间合理交流，经济合理流动。发展生态旅游和可持续发展的旅游业能够良好地促进旅游循环经济的发展，还可以在旅游区建设中保护区域内的原生文化，尊重当地的文化观念和价值观，能够很好地促进社会和谐与发展。

按照“大生态、大旅游”的要求，结合大伙房流域旅游资源特点及其厚重的文化内涵与乡土特征，努力促进保护区农副产品、旅游、文化等诸多产业融合发展，加快保护区社会经济转型及发展。保护区应在生态休闲度假游、健康养生游、乡土民俗游等基础上，不断丰富旅游发展的内涵和质态，打造具有地方特色的产业牌和产品牌；应充分发挥冬季的冷资源，打造冰雪旅游盛景，将冰山雪山变成“金山银山”。

（4）合理规划发展服务业

在保护区内通过提速、提质、提能级，实现区域内服务业的跨越式发展，把服务业发展作为推动产业结构升级的重要支撑，提高服务业在国民经济中的比重。首先，应优先发展以现代物流、金融、信息、咨询等为主的生产性服务业，加快发展农村服务业，构建农业生产社会化服务体系；其次大力发展以商贸流通、房地产、邮政、家政等服务为主且市场需求大的生活性服务业，用以解决保护区内居民的就业问题。

7.3.2 水土资源调控方案

（1）超坡地还林

在保护区范围内继续大力实施超坡地还林工程，围绕“林业增效、林农增收、生态增强”的目标，通过还林工程实现林业、林农、生态“三丰收”。在涵养水源、保护生态的同时，实现农民增收。

（2）水源涵养林建设

在保护区内继续加大水源涵养林建设，坚持以生态效益、社会效益为先，立足发挥其涵养水源、保持水土、净化空气、美化环境、保护生物多样性的作用。按照因地制宜、合理布局、突出重点、分步实施、逐步提高的原则，进行水源涵养林的科学规划建设，全面推进保护区内生态环境恢复和改善，提高生态承载和防护能力，做到科学规划、有序推进、确保实效。

（3）矿山综合治理和持续发展

为了实现水源保护区矿产资源开发与生态环境保护协调发展，提高矿产资源开发利用效率，避免和减少矿区生态环境破坏造成的水源污染，按照“先易后难、分类整治、优化开采”的原则，继续推进矿山的持续发展。

保护区内不得新设探矿权（地热、矿泉水和采矿权扩界除外）；对采矿权进行分类整治，二级保护区采矿权补偿后全部退出，准保护区内保留的采矿权要强化污染治理设施、风险防范设施、应急能力建设，确保消除环境风险隐患，实现污染物达标排放；推进矿产资源整合，对现役尾矿库进行治理，对闭库尾矿库进行复垦，对已经开采的矿山实施生态修复。

7.3.3 水污染控制方案

（1）工业治理及发展趋势

在控制水污染物排放总量的前提下，在准保护区内优化产业结构，积极扶持基本无污染的企业，发展高新技术和新兴产业，引导园区化发展，建设生态工业园区，实现污染集中处置。

（2）完善环境基础设施建设

在整合现有污水、垃圾处理能力的基础上，按照填平补齐、提升处理水平的原则，建立健全保护区内污水、垃圾处理处置体系，实现保护水源和提升农民生活水平的双赢。对现有各渠道资金投资建设的乡镇污水处理设施，结合污水产生、管网建设等实际情况进行改造和完善，发挥污水处理效益。

①扩大城镇建成区污水排污管网覆盖面积，加紧环境基础设施建设，使建成区污水全部经市政管网收集后进入污水处理厂，对于没有脱氮、除磷效果的污水处理厂，应进行提标改造。

②建设“雨污分流”的排污管网，完善乡镇污水处理设施，实现乡镇所在地污水集中处理后达标排放。

③提高村落污水收集效率，完善行政村排污沟建设，污水经人工湿地处理后排放；分散住户可通过建设沼气池、化粪池等，使废水经沉淀处理后排放。

④大力推广节水工作，开展污水再利用，大型酒店、住宅小区推广建设中水回用设施。

建立完善的垃圾收集处置体系。垃圾处理以“减量化、资源化、无害化”为原则，首先实行垃圾分类减量化处理，实现垃圾的资源化利用。垃圾的分类减量化处理工作应在现有试点工作的基础上大力推广实施。对于不能够再利用的垃圾，应按照“村收集—乡（镇）转运—县处理”的思路，统筹规划，整合资源、优化布局，在整合利用农村环境连片整治试点等项目建设的垃圾箱、中转站、垃圾处理场等设施的基础上，填平补齐、提升改造。

（3）畜禽养殖污染防治和生态化发展

总体上，保护区内按照“养殖场个数及规模只减不增”的原则，同时按照分区整治的原则，一级保护区划定为禁养区，二级保护区划定为限养区，准保护区发展生态养殖。发展大型沼气工程项目，实施规模化养殖场畜禽粪便沼气化、有机肥化措施，并吸纳周边地区散养畜禽粪便，进行无害化治理，减少畜禽污染。结合规模化养殖场布局，合理规划建设有机肥生产基地，把畜禽养殖废弃物转化为有机肥料，实现污染物减量化、无害化、资源化，与有机食品基地建设相互促进。

目前，一级保护区已经实施了封闭管护，规模化养殖场（小区）、养殖专业户全部搬迁完毕。下一步应对二级保护区内的畜禽养殖企业按照污染程度、环境风险等进行评估，根据《抚顺市畜禽禁养区划定方案》对其进行搬迁或改造；在准保护区内按计划继续推进粪便污水治理工作，实现养殖业集约化、标准化、生态化、无害化、产业化发展。

（4）加强水环境风险防范措施

要强化环境监管，特别是对涉及危险化学品、重金属、危险废物、医疗废物，以及污水处理厂、矿山尾矿库、垃圾填埋场等高风险源企业进行逐一排查，建立保护区高风险源企业环保档案；制定有针对性的应急预案，一源一案，一旦发生突发环境污染事件，要迅速启动应急响应机制，确保饮用水水源地环境安全。

建立健全联动机制。在环境风险防范与突发环境污染事件应急处置中，要明确各有关主管部门的权力与责任，开展全过程环境风险管理，通过事前风险防范、事中应急响应、事后损害评估与环境修复等各环节管理体系的建立，对环境风险企业实施全过程管理。

（5）完善水环境预警监控体系

完善水质监测预警系统。在水源保护区内建立水质监测预警系统，全面实施水质监控。对突发性水质风险进行准确预警，对城市供水实行精细化管理和提高供水应急能力。建立健全饮用水安全保障体系，为饮用水水源地安全保障提供分层次、可视化的决策方案。

完善水文及水土保持监测网络。建立水源区水文及水土保持生态环境监测站网，对水源区水土流失和水土保持状况实施监测，为保护区制定水土保持生态环境政策和宏观决策提供科学依据，为实现保护区国民经济和社会的可持续发展服务。水文及水土保持监测能够预防和治理水土流失、评估防治效果和作为行政执法的重要手段，推进水土保持信息化和现代化、促进传统水土保持向现代水土保持转变，为水源区水土保持和生态建设决策提供依据。

建设保护区视频监控系统。为了加强对饮用水水源地的保护，在水源保护区内敏感区安装视频监控设备，建立饮用水水源污染防治视频监控系统，对饮用水地表水源一级保护区的水环境质量状况进行实时可视化监控。通过建立视频监控系统，可对造成水源地风险问题进行及时有效处理，起到了保护水源水质安全的作用。

7.3.4 生态系统调控方案

（1）一级保护区封闭管护

一级保护区为禁止开发区，严格禁止新建、扩建和改建与供水和保护水源无关的建设工程。目前，一级保护区内原有的耕种、畜禽养殖、居住等人类活动已经退出，并建设物理隔离网实施封闭管理。

要继续加强对一级保护区的封闭管护工作，除在特殊敏感区域建设生态湿地外，实行自然封育，逐步恢复自然生态环境，控制人为因素对自然生态系统的干扰，逐步构筑起水生态安全屏障。在特殊敏感区域建设生态湿地，全力推进大伙房、社河两个国家级湿地公园的建设；在一级保护区生态重要区位推进湿地保护小区建设；在直接入库河流入库口、上游有较大村庄的下游等区域建设生态湿地。

（2）河道整治及生态封育

通过采取河源区整治、河道治理、水土流失控制等多种举措，逐步改善保护区内生态环境系统。实施退耕还林，采取封禁、补植和拦砂等水土保持措施，建设生态清洁小流域，提高水源涵养能力。

采取坡耕地治理、栽植植物、生态修复和沟道治理等措施，建设河流生态带。按照“统一规划、分级管理、典型指导、分步实施”的原则，以河流、地域为单位，在确保行洪安全的前提下，植物措施与工程措施相结合、乔木和灌木相结合，形成综合防护体系。

生态湿地建设。对淤积严重的河段全面彻底清淤，清理河道垃圾；在河道两岸种植植被、进行生态恢复，在已建设生态隔离带的基础上，扩大生态阻控隔离带的面积，起到物理隔离人畜与生态隔离污染物的作用。在具备条件的河段规划布设生态湿地，使其与河流生态带及河道周边景观共同形成河道生态景观系统，在水边岸坎栽植低矮灌木，在湿地适宜水深区域内栽植芦苇、香蒲等水生植物，建设生态防护林，打造生态景观带，达到涵养水源、净化水质、改善生态的目的。

7.3.5 政策制度保障方案

（1）组织领导保障机制

建立协调机制、形成保护合力。充分发挥辽宁省大伙房水源地保护区管理委员会及其办公室的综合协调、督查督办职能，发挥国土、卫生、水利和建设等相关部门对饮用水水源的监督管理职能，强化部门间的协调与配合，形成监管合力；加强综合协调，统筹污染防治与水源保护工作；强化跨行政区水源保护和污染控制工作的统筹协调，加强宣传教育，及时公布水源地水质状况，促进全社会共同参与，形成保护合力，共同做好水源保护工作。

强化责任机制，整体推进保护区治理。强化由地方政府作为实施主体，整体推进，实行以县（区）、乡（镇）长为河长的负责制。同时，省农委负责省级有机农业生产示范基地建设。省畜牧局负责保护区内畜禽养殖污染整治。省国土资源厅负责保护区内矿山开采整治。省生态环境厅负责保护区内乡镇政府所在地和较大的居民集中区的污水处理设施建设，确保全部污水达标排放。省住建厅负责保护区内垃圾全部得到处理。省水利厅负责在浑河、苏子河、社河的入库口建设永久性拦截漂浮物设施，防止漂浮物进入库区。省财政厅负责研究建立生态补偿机制，加大生态补偿力度。

（2）法律法规与政策保障机制

修订《辽宁省大伙房饮用水水源保护条例》。强化政府在饮用水水源保护中的作用，把《大伙房水源保护区环境保护专题规划》作为经济和社会发展计划的重要组成部分。进一步完善饮用水水源管理、湿地保护、农业面源污染控制、水源涵养林建设、排污权交易管理等相关方面的地方性法规，以及生态补偿等方面的省政府规章，为新时期保护区综合治理工作提供法律依据。

严格执行国家、地方颁布实施的各项资源、环境法律和法规。各级政府和执法部门应依法行使管理职能，强化大伙房水源保护区环境保护法制建设，加强执法力度，规范执法程序和执法行为，同时应注重发挥专家学者、新闻媒体、非政府组织在大伙房水源保护区保护中的作用。

加大部门行政执法和部门间联合执法力度。诸多部门相互协调，相互配合，重点查处违反《环境保护法》《环境影响评价法》《水土保持法》《土地管理法》等违法行为。全面推行执法责任制和责任追究制度，加大对资源环境执法机构和人员的执法监督力度。落实执法过错追究制，促进依法行政。

完善生态补偿机制。深入落实《辽宁省人民政府办公厅关于健全生态保护补偿机制的实施意见》（辽政办发〔2016〕160 号），“继续实施跨市供水饮用水水源生态保护补偿政策，以大伙房、桓仁水源为重点，积极推进饮用水水源横向生态补偿机制试点，鼓励受益方（地区）和保护生态地区通过资金补偿、对口协作、产业转移、人才培训、共建园区等方式建立横向补偿机制”；结合国家、省生态保护补偿条例制定情况，研究制定符合大伙房水源实情的生态保护补偿条例。

（3）资金投入保障机制

完善市场化运作机制，坚持国家、地方、集体、个人多元化投资、融资机制，多种渠道筹措资金，广泛吸引社会各方面的投资。

加大政府对环境保护的持续投入。为了实施好各项工程项目，省、市财政部门正在制订资金筹措计划，以省政府确定的大伙房水源综合治理方案为平台，整合省、市环保、国土、林业、水利等方面的专项资金，集中财力办大事，集中解决突出问题。各级政府要切实加大对饮用水水源地保护的投入，将保护水源所需资金逐年分期分批列入各级财政预算，确保资金能够及时、足额到位并且逐年递增。充分发挥公共财政在生态建设和环境保护方面的引导作用，积极利用中央支持“良好湖泊生态环境保护专项”资金，争取更多的生态环境治理保护资金。同时，确保保护治理成果，促进保护区内县（区）的社会经济发展，实现“在发展中保护，在保护中发展”的良性循环。省政府已明确，从 2014 年起，省本级基本建设投资每年安排 1 亿元（并视情况逐年增加），专门支持大伙房水库保护区内抚顺县、清原县、东洲区和新宾县“三县一区”的绿色产业发展和基础设施建设。此外，积极宣传引导，制定和完善相关政策，鼓励和引导社会资金投入保护区内各项治理和保护项目，实现多方共赢。

吸引民间资金。除政府部门每年的财政预算外，还应采取政府引导、社会投入、市场运作等方式拓宽融资渠道，进一步扩大资金来源，以推进大伙房水源保护区环境保护建设。在资金筹措方面采取灵活措施，积极引导和鼓励企业和民众将资金投入饮用水水源地保护中来，对有利于保护水源的项目给予必要的鼓励和支持。例如，可以利用互联网和 SNS 传播的特性，向社会展示环保投资的社会效益、生态效益以及即将带来的生活环境的改变，争取公众的关注和支持，通过众筹等方式获得所需要的资金援助等。

积极争取国际组织和发达国家的环境保护赠款。在条件适合的情况下，争取国际组织和发达国家的环保贷款。

（4）社会化的参与机制

加大生态文明宣传力度，建立全社会共同推进机制。各级各类新闻媒体要把大伙房水源保护区环境保护工作列入宣传计划，设立专栏、专题，广泛开展相关知识的宣讲、培训及绿色创建活动。各级政府要积极接受同级人大常委会对大伙房水源保护区环境保护工作的监督检查，并主动邀请政协及各民主党派对大伙房水源保护区环境保护工作展开调研工作，并对调研中发现的问题提出建议。鼓励工会、共青团等社会团体积极参与大伙房水源保护区的环境保护工作。通过全方位、多层次的宣传及诸多部门、社会团体的大力宣传，使得生态环境保护深入人心，从而提高全民环保意识。

实行政务公开，建立健全社会公众参与机制。通过省生态环境厅网站、地方政府网站将水源保护区工作信息公开化，能够为公众行使知情权、参与权、监督权创造条件，从而推动公众广泛参与饮用水水源地的保护和建设。凡与群众有关的、涉及大众利益的规划、决策，应建立必要的科学咨询机制，开通公众听证渠道，充分听取公众意见，进而确保公众的知情权、参与权、监督权。通过调查了解群众环境意识情况，宣传环境保护的重要性，培育环境保护工作的群众基础，大力发展志愿者队伍，组织、引导广大人民群众积极参与到水源保护区的环境保护工作中来。对在生态保护与可持续性利用等的执法、监督、资源开发、利用与保护、科学研究、宣传教育等方面作出显著贡献的单位和个人给予精神和物质奖励。同时加强社会化监督，健全和完善群众监督举报制度，充分调动广大群众的积极性。还要重视新闻媒介的舆论监督作用，可通过媒体对大伙房水源保护区环境保护方面的先进事迹进行宣传和表扬，对有悖于该方面要求的事件进行曝光，在一定程度上遏制此类事件的发生，确保大伙房水源保护区环境保护工作合理、有序地进行。

（5）设施运营维护保障机制

对于已经建设完成的环境治理设施，要保证建成一个、运行一个，使每一个设施都能发挥其作用，特别是乡镇、村屯污水处理设施。由于部分乡镇、村屯污水处理设施没有后期运行费用，运行费用须由地方自行承担。但是乡镇、村屯污水处理设施处理规模相对较小，吨水处理成本相对高，单位家庭运行费用较高，对地方构成较大负担，污水处理费用征收存在很大难度，特别是保护区地方经济不发达，财政本身紧张，相当部分镇村无力负担这笔费用。运行费用得不到保障直接导致部分乡镇生活污水处理设施，尤其是村屯生活污水处理设施无法运行，成为“晒太阳工程”。因此，如何保障运行费用有稳定的渠道和来源，是当前另一个迫切的问题。

运营费用方面，省政府应制定有效的财政政策，保障镇村污水处理运行经费，社会资金支持条件较好的地区，可通过出台适当的政策鼓励社会资金投入和企业资助的形式提高运行资金的保障率；运营管理方面，镇村污水处理设施运行坚持以市场化为主，同时鼓励因地制宜地探索实践其他管理模式；强化对镇村污水处理操作人员的培训和考核，制定详细可靠的考核办法加强考核，加强镇村污水处理设施运行考核。